教育部人文社会科学重点研究基地四川大学南亚研究所
教育部国别和区域研究培育基地四川大学南亚研究所

可持续发展与非传统安全

印度水安全与能源安全研究

Sustainable Development and Non-conventional Security:
A Study on Water and Energy Security of India

曾祥裕 刘嘉伟◎著

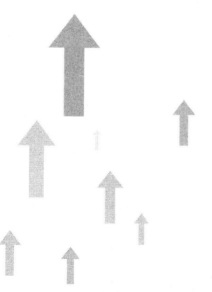

时 事 出 版 社

目录 Contents

导　论

　　可持续发展是一个世界性课题。对中印为代表的发展中国家而言，可持续发展更是一条舍此无他的必由之路。非传统安全是国际政治的突出现象，恐怖主义、水安全、能源安全、粮食安全、环境安全、公共卫生安全、信息安全等新领域正全面充实人们对国家安全问题的认知。传统安全问题的重要性丝毫没有下降，但激活的概率大大降低，各种非传统安全问题的现实性越来越强，日渐成为现实威胁。可持续发展与非传统安全是两个问题领域，但又紧密重叠，相互交织，水、能源、粮食、环境、公共卫生等方面都属于其研究领域。水与能源既是任何发展（遑论可持续发展）的重中之重，也是国家安全与民生的根本，二者不仅是发展问题，更是安全问题，这两个问题也是可持续发展与非传统安全研究的良好切入点，相关研究学术价值突出，现实意义更难以估量，具体体现在以下五点。

　　首先，印度是最大的发展中国家之一，在水与能源领域面临一系列极为复杂的挑战，对这些问题进行深入研究，是全面认识印度综合国力发展前景，或者说大国潜力实现程度的重要环节。其次，这种研究也是全面了解南亚局势演化，研判地区安全与发展前景的重要参照系。再次，印度在这一领域所面临的问题、造成的影响、采取的对策，具有较大的典型意义，对认识其他面临类似挑战的发展中国家也有巨大参考价值。复次，印度是中国的重要邻国，对印度的水安全与能源安全进行深入研究，不仅有助于深刻认识这一人口最为众多的邻国，更可为国情类似的中国提供极有价值的借鉴，包括正反两方面的经验教训。最后，中印两国都是最有发展潜力的世界大国，两国的发展具有全球影响和战略意义，两国在水领域与能源领域是合作还是竞争，是健康竞争还是恶性竞争，这些都是具有全球影响的重大课题。综上，印度的水安全与能源安全问题蕴含了极为丰富、非常重要的内容，理应加以深入研究。

目前，国内还没有专门研究印度水安全与能源安全的专著，相关的成果主要是一批学术论文，以及部分专著较分散的讨论。这些研究均具有独特的价值，但系统性、全面性或有不足。更重要的是，现有研究多从经济和水利角度切入，更习惯于将其主要视为发展问题而非安全问题。国外对印度水问题和能源问题的研究是不少的，但这些研究有些侧重于呈现情况，有些侧重于探讨国际矛盾，深入剖析问题的缘由与影响，全面看待相关国际冲突与合作，这样的研究仍然不多。有鉴于此，本书试图结合发展研究与安全研究的双重视角，对印度水安全与能源安全问题进行多维透视，希望呈现给读者一份不无独特之处的创新研究。

需要说明的是，本书引用的资料特别是外文资料，在统计数据的时候往往遵循印方的做法，将中印争议领土、克什米尔等均计算在内，将"查谟和克什米尔"称为印度的一个邦。本书自然是不认同这种立场的，但由于无法将争议地数据单独剥离出来，不得不原样采用相关数据，敬请读者予以注意。

第一章

印度水资源的基本状况和主要水安全问题

印度是全世界水资源最丰富的国家之一，但人口众多且增长较快、管理极为粗放、经济社会发展迅速、气候变化效应凸显等因素相互交织，已形成了资源短缺、时空分布失衡、用水效率低下、水污染严重四大危机。

第一节 │ 印度水资源的基本状况 │

印度是全世界水资源最丰富的国家之一，平均年降水量 1170毫米，总量约 3.846 万亿立方米，总实际可再生水资源量为1.911 万亿立方米，[①] 排名全球第 11 位。境内河网密布，天然河

① *Irrigation in Southern and Eastern Asia in Figures-India*，Aquastat Survey，2011，p. 5。可从 http：//www. fao. org/nr/water/aquastat/main/index. stm 进入。需说明的是，为方便核算，原资料来源在国土面积等数据上采用了印方自称的数据，即约 320 万平方公里，并特别声明这种技术处理并不表明其接受印方主张。另外，鉴于各参考资料所采用的水电等计量单位很不一致，包括"十亿立方米"（BCM）、"立方公里"（km³）、"百万英亩英尺"（MAF）、"英亩"（acre）等，文中一律将其转换为公制单位，用水量采用"亿立方米"，用电量采用"千瓦"或"兆瓦"（1000 千万），面积采用公顷等。

道与运河总长 19.5 万公里，水库等水体总面积 7.31 万平方公里。① 最重要的大河有北方的印度河东侧若干支流、恒河、朱木拿河、布拉马普特拉河，以及南方的戈达瓦里河、克里希纳河、高韦里河、纳玛达河等。受地势影响，印度主要河流中仅印度河的支流和纳玛达河自东向西流入阿拉伯海，其余均自西向东流入孟加拉湾。

恒河（Ganga 或 Ganges）为印度第一大河，发源于喜马拉雅山南坡，部分支流最上源在中国境内，全长约 2580 公里，流域面积 90.5 万平方公里。恒河上游有两大源头，奔腾于喜马拉雅山间，水流湍急，但水量较小。两河于代沃布勒亚格（Devprayag）汇合后始称恒河，至阿拉哈巴德（Allahabad）与最大支流朱木拿河汇合，水量大增，河面变宽，于孟加拉国入海，河口处形成巨大的三角洲。恒河上游水源主要是 3—5 月喜马拉雅山的冰雪融水，平原地区汇水来自 6—9 月的季风降雨，② 平均年径流量 5250.2 亿立方米，可利用表层水资源量 2500 亿立方米。③ 最大支流朱木拿河（Yamuna 或 Jamuna，一译亚穆纳河）发源于喜马拉雅山，全长 1376 公里，流经哈利亚纳、德里和北方邦等人口稠密地区，水量巨大，不仅灌溉了哈利亚纳和北方邦大片良田，更是首都新德里的主要水源，地位非常重要。

布拉马普特拉河（Brahmaputra）源于中国境内，称雅鲁藏布

---

① *Water and Related Statistics* 2015, Central Water Commission, Ministry of Water Resources, Government of India, April 2015, p. 3, http://www.cwc.gov.in/main/downloads/Water%20&%20Related%20Statistics%202015.pdf.

② 《中国大百科全书·世界地理》，中国大百科全书出版社 1992 年版，第 272 页。

③ *Irrigation in Southern and Eastern Asia in Figures-India*, Aquastat Survey, 2011, p. 6.

江，经过中印争议领土东段进入印度实际控制区后称为西昂河（Siang），进入阿萨姆邦后改称布拉马普特拉河，流入孟加拉国后又改称贾木纳河（Jamuna，注意与朱木拿河相区别），与恒河汇合后入孟加拉湾。该河全长2900公里，流域面积93.5万平方公里，在中国境内长度2057公里，流域面积24.6平方公里。[①] 布拉马普特拉河水量巨大，平均年径流量甚至超过恒河，达5372.4亿立方米，但其可利用表层水资源量仅240亿立方米，相当于恒河的10%，[②] 主要是因为该河在印辖境内长度短，流经地形复杂，水资源难以充分开发利用。

印度河（Indus）全长2900公里，流域面积117万平方公里，主要分布在印巴两国。该河发源于中国青藏高原冈底斯山冈仁波齐峰北坡，称狮泉河，向西北经克什米尔奔流于高山深谷之间，后南折流入巴基斯坦。进入旁遮普（Punjab，意为"五河"）平原后为中游，先后汇入萨特累季河、奇纳布河等5条主要支流，下游无大支流。[③] 印度河中游是印巴水资源分配的关键地区。根据《印度河水条约》，印度可充分使用东部3条支流即萨特累季河、比亚斯河、拉维河的水量，划归印度的水资源有733.1亿立方米。[④]

印度南方最重要的河流有戈达瓦里河、克里希纳河和高韦里河等。戈达瓦里河（Godavari River）是印度第二长河（仅次于恒

[①] 何艳梅：《中国跨界水资源利用和保护法律问题研究》，复旦大学出版社2013年版，第149页。

[②] *Irrigation in Southern and Eastern Asia in Figures-India*，Aquastat Survey，2011，p. 6.

[③] 《中国大百科全书·世界地理》，中国大百科全书出版社1992年版，第723页。

[④] *Irrigation in Southern and Eastern Asia in Figures-India*，Aquastat Survey，2011，p. 6.

河），也是南方第一大河。该河发源于印度次大陆西部的马哈拉施特拉邦著名圣城纳西克（Nasik）附近的西高止山，全长1465公里，汇水面积近31.3万平方公里，自西向东流经马哈拉施特拉、特仑甘纳和安得拉等邦并注入孟加拉湾，几乎横贯印度半岛，水量1105.4亿立方米，可利用水资源量500亿立方米。克里希纳河（Krishna River）发源于西海岸的马哈拉施特拉邦，横贯马哈拉施特拉、卡纳塔克、特仑甘纳和安得拉等邦，最终汇入孟加拉湾，全长1401公里，汇水区约26万平方公里，水量781.2亿立方米，可利用水资源量763亿立方米。高韦里河（Cauvery River，或写作 Kaveri River）发源于卡纳塔克邦，流经卡纳塔克和泰米尔纳杜，全长800公里，汇水面积约8万平方公里，水量213.6亿立方米，可利用水资源量69亿立方米，是两邦特别是泰米尔纳杜的最主要河流。[①]

表1—1 印度主要大河简况[②]

河流名称	汇水面积占国土比例（%）	平均年径流量（亿立方米）	可利用地表水（亿立方米）
恒河	26.5	5250.2	2500
布拉马普特拉河	6	5372.4	240
戈达瓦里河	9.7	1105.4	500
克里希纳河	8.0	781.2	763
高韦里河	2.5	213.6	69

---

① *Irrigation in Southern and Eastern Asia in Figures-India*, Aquastat Survey, 2011, p. 6. *Major River Basin*, Ministry of Water Resources, http://wrmin.nic.in/writereaddata/WatertheResource/majorriverbasin2743326456.pdf.

② *Irrigation in Southern and Eastern Asia in Figures-India*, Aquastat Survey, 2011, p. 6.

印度位于若干大河的中段，每年要从主要上游国家如中国、尼泊尔、不丹等接收高达6352亿立方米的巨量河水，又在下游同巴基斯坦分享印度河水系，并有恒河、布拉马普特拉河和提斯塔河流入孟加拉国，另有少量河流流入缅甸，每年有1.385万亿立方米河水出境。总体而言，印度水资源对外依存度较高，达30.52%，[①] 不过位于下游的巴基斯坦和孟加拉国对印度的水资源依赖度更高，达90%左右。[②]

印度对供水量、用水量等基础数据一直没有较准确的统计结果，印度国内外的研究均不得不依靠各种估算。由于估算方法不同、基础数据差异、分类标准不同，得出的估算值（包括总量和内部比例）也存在较大差异，使用较多的是如下三组数据。

印度水利部设有常设小组委员会，经常对印度用水情况进行调研，早年对印度用水情况的预测如下。

表1—2　印度水利部下设常设小组委员会预测用水量（亿立方米）[③]

年份	2010 年		2025 年		2050 年	
类别	用水量	比例（%）	用水量	比例（%）	用水量	比例（%）
灌溉用	6880	84.6	9100	83.2	10720	74.1
饮用	560	6.9	730	6.7	1020	7.0

[①] *India Factsheet*, Global Information System on Water and Agriculture, http://www. fao. org/nr/water/aquastat/main/index. stm. 比例由笔者自行计算。

[②] *Bangladesh Factsheet*, Global Information System on Water and Agriculture, http://www. fao. org/nr/water/aquastat/data/wrs/readPdf. html? f = BGD – WRS_ eng. pdf.

[③] "Chapter 2：Water Management and Irrigation" in *XI Five Year Plan*, Planning Commission of India, p. 46, http://planningcommission. nic. in/plans/planrel/fiveyr/11th/11_ v3/11v3_ ch2. pdf. 比例由笔者自行计算。

续表

年份	2010 年		2025 年		2050 年	
类别	用水量	比例（%）	用水量	比例（%）	用水量	比例（%）
工业用	120	1.5	230	2.1	630	4.4
能源用	50	0.6	150	1.4	1300	9.0
其他用	520	6.4	720	6.6	800	5.5
总量	8130	100.0	10930	100.0	14470	100.0

水资源一体化开发全国委员会（National Commission on Integrated Water Resources Development，NCIWRD）2010 年做出的预测有较大不同，预测值比水利部常设小组委员会低很多，且根据不同的情况预测了低值和高值两组数据。

表 1—3　水资源一体化开发全国委员会预测用水量（亿立方米）[①]

年份	2010 年				2025 年			
高/低值	低值		高值		低值		高值	
类别	用水量	比例（%）	用水量	比例（%）	用水量	比例（%）	用水量	比例（%）
灌溉用	5430	78.2	5570	78.4	5610	71.6	6110	72.5
饮用	420	6.1	430	6.1	550	7.0	620	7.4
工业用	370	5.3	370	5.2	670	8.5	670	7.9
能源用	180	2.6	190	2.7	310	4.0	330	3.9

---

①　*Water and Related Statistics* 2010，Central Water Commission website，p. 248，http：//www.cwc.nic.in/ISO_ DATA_ Bank/W&RelatedStatatics_ 2010.pdf. 比例由笔者自行计算。

续表

年份	2010 年				2025 年			
高/低值	低值		高值		低值		高值	
类别	用水量	比例（%）	用水量	比例（%）	用水量	比例（%）	用水量	比例（%）
其他用	540	7.8	540	7.6	700	8.9	700	8.3
总量	6940	100.1	7100	100.0	7840	100.0	8430	100.0

　　联合国粮农组织全球水和农业信息系统（简称 AQUASTAT）提供了印度 2010 年用水量的估算值，其数值与印度水利部基本相同，但将能源用水并入工业用水，未计其他用水。

表 1—4　联合国粮农组织估算用水量（亿立方米）[①]

年份	2010 年	
类别	用水量	比例（%）
灌溉用	6880	90.4
饮用	560	7.4
工业用	170	2.2
总量	7610	100.0

　　由于无法获取近几年的估算值，本书对印度用水现状的讨论以 2010 年估算值为准，主要参照联合国粮农组织数据。做出这一选择的原因：一是该数据与印度水利部数据基本一致，

---

① *Irrigation in Southern and Eastern Asia in Figures-India*，Aquastat Survey，2011，p.8.

二者差异不大，可相互参照；二是有利于国际比较；三是与各种预测比较，这组数据数值大体居中，较为持平；四是"其他用途"这一类别含义不明，分析不便。准此，印度 2010 年的用水总量为 7610 亿立方米，供水状况为：地面水 3960 亿立方米，地下水 2510 亿立方米，农业排水重复利用量约 1130 亿立方米。[①]

第二节 ┃ 印度水安全领域的主要挑战 ┃

印度面临着极为严峻的水安全挑战，具体表现包括人均资源量严重短缺、时空分布严重失衡、用水效率低下和水污染严重等。人口增长迅速、管理粗放、水争端频发和气候变化加速等因素进一步加剧了上述问题。

一、水资源严重短缺

印度是全世界水资源最丰富的国家之一，年总实际可再生水资源量 1.911 万亿立方米，然而印度也是全球第二人口大国，人口总数达 12 亿多，2009 年的人均实际可再生水资源量仅 1582 立方米，[②] 不仅远低于世界平均值，更大大低于人均 1700 立方米的缺水警戒线。更严重的是，历史数据表明印度的水短缺状况近年来在持续恶化，其人均水资源量已从 1998 年的 1986 立方米，降为 2001 年的 1820 立方米、2005 年的 1731 立方米。预计到

---

① *Irrigation in Southern and Eastern Asia in Figures-India*, Aquastat Survey, 2011, p. 8.

② *Irrigation in Southern and Eastern Asia in Figures-India*, Aquastat Survey, 2011, p. 5.

2025 年将进一步降为 1335 立方米，2050 年降至 1140 立方米。[1]
资源分布的地域差异进一步加剧了缺水危机：现在印度全国有
1/4 人口生活在缺水地区，其人均水资源量甚至不足 1000 立方
米，全国 20 个主要流域已有 14 个处于缺水状态（water-
stressed），预计到 2050 年将处于极度缺水状态。[2] 各种研究均认
为，印度水资源安全供给的形势极为严峻：国际水管理学院认为
印度用水与供水间的缺口到 2025 年将达到 11%，到 2050 年将
达到 20%，更悲观的研究甚至认为到 2030 年就会形成高达 50%
的供需缺口。[3]

印度人均水资源量持续下降的主要原因是用水量多年来不断
增加，20 世纪 90 年代以来更是呈急速增长态势：印度 1974 年
的用水量尚仅为 4240 亿立方米，[4] 至 1990 年小幅增长到 5000 亿
立方米，16 年间增长了 18%（年均增长 1.04%）；到 2010 年增
长为 7610 亿立方米，20 年间攀升了 52%（年均增长 2.1%）；[5]
印度水利部预测全国用水量到 2025 年将增为 1.093 万亿立方米
（15 年间增长 44%，年均增长 2.5%）；到 2050 年更是会达到

①　Wilson John，"Water Security in South Asia：Issues and Policy Recommendations,"
ORF Issue Brief，#26，February，2011. Prasenjit Chowdhury， "Mismanagement of Water
Resources," *Deccan Herald*，April 18，2014，*Irrigation in Southern and Eastern Asia in
Figures-India*，Aquastat Survey，2011，p. 16.

②　*Water Stewardship for Industries：The Need for a Paradigm Shift in India*，World
Wildlife Fund，2013，p. 10，http：//www. indiaenvironmentalportal. org. in/files/file/wa-
ter% 20 stewardship% 20for% 20industries_ 0. pdf.

③　*Water Stewardship for Industries：The Need for a Paradigm Shift in India*，World
Wildlife Fund，2013，p. 11.

④　中国农业百科全书编辑部：《中国农业百科全书·水利卷》（下），农业出版
社 1986 年版，第 947—948 页。

⑤　*Irrigation in Southern and Eastern Asia in Figures-India*，Aquastat Survey，2011，
p. 8. IDSA Task Force，*Water Security for India：The External Dynamics*，New Delhi：Insti-
tute of Defense and Analysis，September，2010，p. 24.

1.447 万亿立方米（25 年间增长 32%，年均增速回落到
1.1%），届时印度所有可利用水资源将近乎消耗一空。水资源一
体化开发全国委员会 2000 年做出的预测要乐观一些，认为到
2050 年的用水量最低值为 9730 亿立方米，最高值将达到 1.18
万亿立方米，但前提是尽快大幅提高用水效率，特别是要将农业
用水效率从 35%—40% 提高到 60%。[1]

从生活、农业、工业等三个耗水渠道来分析可发现，印度
的水资源短缺还会继续发展。生活用水应考虑人口增加和城市
化两个因素。一般预计印度人口将从 2010 年的 12 亿增长到
2050 年的 16 亿，人均水资源量必然相应大幅下降。印度城市
化发展迅速，2011 年的城市化率已达 31.3%，2010—2015 年
每年递增 2.47%，[2] 到 2050 年可能达到 50%，城市居民将从
2010 年前后的不足 4 亿增长到超过 8 亿。[3] 一般而言，城市居
民人均生活用水约相当于农村地区的两三倍，[4] 城市人口大增
就意味着用水量大增。仅考虑城市化因素并粗略计算即可得
知，印度 2050 年的生活用水总量将比 2010 年增长
50%—60%。[5]

广义的农业包括种植、畜牧、酿酒等直接提供食物的行业。
印度人口大幅增长就意味着口粮供给必须相应增长，种植业的耗
水量也会等比例增长。印度传统饮食习惯以素食为主，酒类摄取

---

① *Water and Related Statistics* 2010, Central Water Commission website, p. 38.

② "The World Factbook," CIA website, https://www.cia.gov/library/publica-tions/the-world-factbook/fields/2212.html.

③ Mihir Shah and Himanshu Kulkarni, "Urban Water Systems in India: Typologies and Hypotheses," *Economic & Political Weekly*. July 25, 2015.

④ 此处可参考中国的数据。2014 年，中国城乡居民日人均用水量分别为 213 升和 81 升，比例为 2.63∶1。这一比例在 2004 年一度高达 3.11∶1。

⑤ 亦可参见表 1—2、表 1—3 的预测值。

不多。但近年来，印度肉类和酒类消费明显增加。[①] 肉畜以植物或其他动物为生，酿酒需消耗大量粮食（如中国每生产 1 吨白酒约耗粮 2.2 吨），[②] 所以肉类消费和酒类消费的增加会大量增加耗水量。工业发展特别是传统的粗放发展模式耗水巨大，而工业正是印度下一步经济发展的重点。印度水利部预测其工业用水量将大幅增长，2025 年和 2050 年的工业用水将分别达到 2010 年的 2 倍和 5 倍。[③]

国际因素也加剧了印度对水资源短缺的敏感心态。印度既是大江大河的下游国家，又是其上游国家：从北方的中国、尼泊尔、不丹等国流入印度境内的恒河、布拉马普特拉河带来了巨大水量，导致印度水资源的对外依存度高达 30.52%，[④] 对于这一格局，印度并不放心。印度与孟加拉、巴基斯坦两国均存在较突出的水争端，与尼泊尔也存在涉水分歧。对于各种国际水争端，印方顾虑颇深。

二、时空分布极不平衡

印度境内的河流可分为 20 个水系、4 个大组，分别是北部的喜马拉雅诸河如恒河、印度河、布拉马普特拉河等，中南部的德干高原诸河如马哈那迪河、戈达瓦里河、克里希纳河等，西北拉

---

① 印度酒类产量 1992—1993 年为 8.87 亿升，1999—2000 年为 16.54 亿升，到 2007—2008 年可达 23 亿升。"Alcohol in India at a New High," *The Hindu*, May 3, 2008, http://www.thehindu.com/todays-paper/alcohol-in-india-at-a-new-high/article1250 867.ece。

② 孙晓明、谢光耀："浅析酿酒与耗粮"，中国酒业新闻网，2011 年 6 月 20 日，http://www.cnwinenews.com/html/201106/20/20110620172232113873.htm。

③ 见表 1—2。

④ *India Factsheet*, Global Information System on Water and Agriculture, http://www.fao.org/nr/water/aquastat/main/index.stm。

贾斯坦沙漠地带的内流诸河，以及东西海岸诸河。印度水资源的基本空间布局是：北方水资源丰富且较稳定，南方和西部水资源总体偏少且极不稳定。

南北不均是印度水资源空间分布的一大特征：北方的恒河—布拉马普特拉河—梅格纳河水系和印度河水系提供了全国63%的水资源，而其余56%的国土仅分布37%的水资源。北部的喜马拉雅诸河享有喜马拉雅冰雪融水以及季风降雨这两个水量补给源。前者保证了喜马拉雅诸河水源稳定，全年不断流；后者补给了巨量水流，保障了中下游地区能足量分享水资源。该大组中的恒河—布拉马普特拉河—梅格纳河水系特别重要：汇水面积达109.7万平方公里，占国土面积的33.5%；平均年径流量达1.11062万亿立方米，占全国的59.4%；年可利用水资源量2740亿立方米，占全国的39.7%。[①]

南方的德干高原诸河与喜马拉雅诸河形成了鲜明对照。它们发源于内地或南方东西部山区，水源地补给有限，主要依靠季风降水，故水量极不稳定：枯水期漫长乃至出现断流，丰水期大量降雨往往超过河流容纳能力，经常酿成洪灾，但季风推迟或降水偏少又会迅速酿成严重旱灾。[②] 显然，与北方相比，印度南方水资源总量明显偏少且更不稳定。

印度水资源分布还有东西失衡的问题：西部的拉贾斯坦年降水不足150毫米，从中央邦到泰米尔纳杜邦的广阔地带年均降水

---

① *Irrigation in Southern and Eastern Asia in Figures-India*, Aquastat Survey, 2011, pp. 5 – 6.

② 2015 年的季风异常造成严重旱灾，5 月底之前仅马哈拉施特拉一邦就有 1088 个农民自杀。Priyanka Kakodkar, "In Maharashtra, Suicide Figures Shoot through the Roof," *Times of India*, June 11, 2015, http://timesofindia.indiatimes.com/india/In-Maharashtra-suicide-figures-shoot-through-the-roof/articleshow/47621768.cms。

不足 500 毫米，汇水面积占国土 10% 的印度河水系水资源量只占全国总量的 4%；与此同时，西海岸及东北地区年均降水则可达约 2500 毫米，东北部的梅加拉亚更是高达 1 万毫米。[1]

印度水资源的时间分布也极不均衡。印度属典型的季风气候，全年可分为冬季、热季、夏季和后季风季，6 月到 9 月的夏季为雨季，其他季节均干燥少雨。全国超过 90% 的江河补给量在 4 个月内完成，雨季 15 天内的降水量甚至可占全年降水量的 50%。[2] 降水的季节性分布不均可通过兴建蓄水设施，在雨季蓄水以备旱季使用的方式来人为矫正。然而，印度对蓄水工程投资不足、维护不力，导致印度人均蓄水量仅 200 立方米，只相当于世界人均水平 900 立方米的 22%。[3] 这进一步加剧了资源分布不均衡的不利影响。

三、用水效率低下

印度用水效率很低，浪费极为严重，农业用水尤为粗放。其具体表现首先是农业用水量过大：2010 年农业用水量高达 6880 亿立方米，占总用水量的 91%，而世界平均占比仅 60% 左右。[4]

---

① *Irrigation in Southern and Eastern Asia in Figures-India*，Aquastat Survey，2011，pp. 1，5. N. Shantha Mohan and Salien Routary，"Interstate Transboundary Water Sharing in India，Conflict and Cooperation，" in Lydia Powell and Sonali Mittra eds，*Perspectives on Water*：*Constructing*：*Alternative Narratives*，New Delhi：Academic Foundation，2012，p. 198.

② World Bank，*India's Water Economy*：*Bracing for a Turbulent Future*，Washington，DC：World Bank，2005，p. 1，http：//documents. worldbank. org/curated/en/2005/12/6552362/india-indias-water-economy-bracing-turbulent-future.

③ K. 纳鲁拉、高建菊、赵秋云："印度将面临的水安全挑战"，《水利水电快报》2013 年第 5 期，第 7 页。

④ *Irrigation in Southern and Eastern Asia in Figures-India*，Aquastat Survey，2011，p. 3.

同时，印度单位用水的粮食产出又很不理想：每耗水 1 立方米仅产粮约 377 克，而同样耗水 1 立方米在中国可产粮约 1200 克。① 其次是灌溉方式落后，灌溉水有效利用率极低。据统计，地面灌溉、喷灌和局部灌溉这三种方式的灌溉水有效利用率分别为 60％、75％ 和 90％。② 在印度 63.962 万平方公里灌溉田中，这三种灌溉方式所占的比例分别是 97％、2％ 和 1％。换言之，最粗放、最低效的地面灌溉仍居绝对多数，高效灌溉的实际影响微乎其微，几乎可忽略不计。综合计算，印度的灌溉水有效利用率仅 35％—40％，其中地面水的有效利用率约为 38％—40％，地下水的情况甚至更糟。其三是作物种植结构严重倾向于耗水作物。棉花和甘蔗均属高耗水作物，但二者均为印度重要的经济作物，种植面积均占全球总种植面积的 25％ 左右。③ 水稻、小麦这两种最耗水作物的种植面积 2004 年占全印灌溉耕种面积的 60％ 左右，④ 而水稻耗水量高达每公顷 2.4 万立方米，是玉米的 6 倍、豆类的 10 倍、花生的 20 倍。⑤

印度工业用水的低效与浪费同样严重。印度工厂耗水量是其他国家类似工厂的 2 倍到 3.5 倍。⑥ 以用水大户钢铁业为例，印

---

① 笔者据两国农业用水量和粮食产量计算而得。

② "Annex I：Irrigation Efficiencies，" UN Food and Agriculture Organization website，http：//www. fao. org/docrep/t7202e/t7202e08. htm.

③ *Water Stewardship for Industries：The Need for a Paradigm Shift in India*，World Wildlife Fund，2013，p. 23.

④ *Irrigation in Southern and Eastern Asia in Figures-India*，Aquastat Survey，2011，pp. 9 - 11，14，17. 水稻、小麦占耕种面积比例据该文献第 10 页数据表计算。

⑤ Inderjeet Singh，"Ecological Implications of the Green Revolution，" *Seminar*，No. 626，October，2011，p. 41.

⑥ *Guidelines for Improving Water Use Efficiency in Irrigation，Domestic & Industrial Sectors*，Central Water Commission，November，2014，p. 15，http：//www. wrmin. nic. in/writereaddata/Guidelines_ for_ improving_ water_ use_ efficiency. pdf.

度高炉/转炉（BF/BOF）炼钢企业用水有80%—85%是作为废水直接排掉的，而美国钢铁业的用水有95%会循环使用。[1] 生活用水的情况甚至更为糟糕：20世纪90年代对印度17个城市的跟踪研究表明，管网泄漏导致的水损失在17%—44%之间。亚洲开发银行2007年的研究表明，泄漏和窃水导致的水损失可高达60%。[2] 即使在德里等大城市，情况也毫无乐观迹象：德里泄漏、爆管等造成的水损失高达供水量的40%，[3] 孟买偷水、管线老化等造成的水损失更是高达40%—50%，[4] 其他城市的情况也与此类似。

四、水污染严重

印度水污染形势极为严峻，地表水和地下水情况均不容乐观。印度全国的污水处理率仅31%，80%的地表水体受污染。中央污染控制理事会对290条河流的3年跟踪研究指出，66%的监测河道有机物污染严重，全印8400公里河道污染严重，以至于水生生物无法在其中生存。[5] 有鉴于此，印度在联合国2003年

① *Water Stewardship for Industries：The Need for a Paradigm Shift in India*，World Wildlife Fund，2013.

② *Guidelines for Improving Water Use Efficiency in Irrigation，Domestic & Industrial Sectors*，Central Water Commission，November，2014，pp. 7 - 8.

③ Rumi Aijaz，"Water Crisis in Delhi," *Seminar*，No. 626，October，2011，p. 44.

④ Wilson John，"Water Security in South Asia：Issues and Policy Recommendations," ORF Issue Brief，#26，February，2011，p. 4.

⑤ Chetan Chauhan，"Yamuna a Dead River，Says Report，Even as Focus on Clean Ganga," *Hindustan Times*，April 18，2015，http：//www. hindustantimes. com/newdelhi/yamuna-a-dead-river-all-sewage-says-cpcb-report/article1 - 1338444. aspx. SushmiDey，"80% of India's Surface Water may be Polluted，Report by International Body Says," *Times of India*，June 28，2015，http：//timesofindia. indiatimes. com/home/environment/pollution/80-of-Indias-surface-water-may-be-polluted-report-by-international-body-says/articleshow/47848532. cms.

发表的《世界水发展报告》中水质排名近乎垫底，在122国中仅列第120位。[①] 朱木拿河是首善之区德里的母亲河和重要水源，但其污染之严重，曾导致中央污染控制理事会公开表示朱木拿河已近乎死亡。[②] 实际上，朱木拿河的氨和氯化物指标太高已多次迫使首都关闭水厂或缩减产能，由此导致的水厂产能闲置甚至可高达35%左右。[③] 印度地下水普遍受盐水入侵所苦：泰米尔纳杜、马哈拉施特拉、旁遮普、拉贾斯坦、哈利亚纳、古吉拉特、卡纳塔克、北方邦、德里、奥里萨和比哈尔等地一直存在盐水入侵问题，拉贾斯坦和哈利亚纳甚至有19万平方公里地区的水资源因盐水入侵而无法饮用。[④] 印度水利部门2012年4月提交的报告显示，全印多个地区地下水已不适宜饮用：639个县的158个储水区地下水含盐量过高，385个县地下水硝酸盐含量超标，270个县的地下水铁含量过高，63个县的地下含水层有铅、铬、镉等重金属元素，对人体健康可产生严重危害。[⑤]

印度的水污染有四大主因。一是各地特别是城市持续向河流大量排放未经处理的生活污水：印度城市在2004年产生污水约105.85亿立方米，其中仅25.55亿立方米经过了处理，剩下的

① Prasenjit Chowdhury, "Mismanagement of Water Resources," *Deccan Herald*, April 18, 2014, http://www.deccanherald.com/content/3046/mismanagement-water-resources.html.

② "Yamuna a Dead River, Says Report, Even as Focus on Clean Ganga," *Hindustan Times*, April 18, 2015, http://www.hindustantimes.com/delhi/yamuna-a-dead-river-says-report-even-as-focus-on-clean-ganga/story-4R6VXEcjNOlLSelnREqrxN.html.

③ Rumi Aijaz, "Water Crisis in Delhi," *Seminar*, No. 626, October, 2011, p. 45.

④ Wilson John, "Water Security in South Asia: Issues and Policy Recommendations," ORF Issue Brief, #26, February, 2011.

⑤ 高峰："食品安全的第一道门槛——饮水"，《城镇供水》2013年第1期，第92页。

76%即80.3亿立方米均未经处理。[1] 二是工业废水处理率低，大量工业废水直接排入水体。印度88个工业聚集区有43个污染突出，3个污染严重，每天有6850万立方米工业废水未经处理直接排入河道。纺织业中心哥印拜陀的蒂鲁巴地区（Tirupur）污水排放极为严重，迫使邦高等法院直接介入，要求纺织企业大幅减排，否则就歇业。[2] 火电厂和钢铁企业大量排放的冷却用水虽不直接造成污染，却会改变水体温度和酸碱度，恶化水文环境，间接导致水质下降。三是农业过量使用杀虫剂和化肥等，残留有害物以各种方式汇入河道或渗入地下并污染水体。近年来，印度化肥使用量迅速增长，每公顷化肥施用量已从1991—1992年的69.8公斤增长到2006—2007年的113.3公斤。无法为农作物充分吸收的过量肥料会随着灌溉水或降雨进入水循环，最后污染饮用水。杀虫剂残余物进入水循环的渠道与此类似。过量使用化肥和杀虫剂的危害极为严重：印度农村已有13%的饮用水受到化肥残留物等化学毒素（主要是尿素及其分解物）的污染。[3] 四是过量取用河水和地下水，令水体的稀释与自净功能严重下降，造成有害矿物质在地下水中聚集，形成过量取水与水污染相互加剧的恶性循环，即过量取水—污染加剧—可用水减少—寻找新水源—继续过量取水—污染继续加剧……

[1] *Irrigation in Southern and Eastern Asia in Figures-India*，Aquastat Survey，2011，p. 7.

[2] UNICEF，FAO and SaciWATERs，*Water in India：Situation and Prospects*，2013，p. 44.

[3] UNICEF，FAO and SaciWATERs，*Water in India：Situation and Prospects*，2013，p. 44.

第二章

印度水安全问题的主要影响

　　历史数据表明，印度的水短缺状况多年来一直在持续恶化。各种研究均预测印度未来用水量将剧增，水短缺将进一步发展：印度水利部预测到 2025 年全国用水量是 1.093 万亿立方米，[①] 到 2050 年甚至会达到 1.447 万亿立方米；水资源一体化开发全国委员会认为到 2050 年的用水量最低值为 9730 亿立方米，最高值为 1.18 万亿立方米。[②] 水资源时空分布不均、水污染严重、用水效率低下等问题短期内难以改善，甚至还在继续发展。这些问题相互交织，对印度经济社会可持续发展、国内政治与社会安定、对外关系、民众健康等均构成严重威胁。

第一节 ┃ 严重制约印度经济社会可持续发展 ┃

　　严重的水危机对印度经济社会可持续发展构成严峻挑战。水是工农业发展的必备要素，不容否认的是，传统模式下的经济发

---

　　① *Irrigation in Southern and Eastern Asia in Figures-India*, Aquastat Survey, 2011, p. 8. IDSA Task Force, *Water Security for India：The External Dynamics*, New Delhi：Institute of Defense and Analysis, September, 2010, p. 24.

　　② *Water and Related Statistics* 2010, Central Water Commission website, p. 37.

展与用水量存在明显的正相关性：如 1974—1990 年印度用水量年均增速仅 1.04%，但在 20 世纪 90 年代推行经济改革，经济加速发展之后，印度用水量在 1990—2010 的 20 年间年均增幅猛增为 2.1%，估算认为 2010—2025 年的年均增速会进一步提高到 2.5%，此后的 25 年会回落到 1.1%。[①] 但由于基数已经很大，新增用水的绝对量仍然很大。对亟需发展的印度来说，如何确保供水安全必将成为最严峻的挑战之一。

一、对农业发展的影响

水短缺必然严重制约印度农业发展，严重损害农民利益。印度既是人口大国，也是农业大国，2013 年其总人口已达 12.59 亿，2013—2014 年度粮食产量 2.644 亿吨，[②] 基本能够自给，但要适应人口增长和食品结构变化还需进一步努力，保障到 2025 年将粮食年产量增加到 3.25 亿—3.5 亿吨。[③] 要实现这一目标，就必须确保有足量的灌溉用水。据预测，印度 2025 年和 2050 年的农业用水量将分别达到 9100 亿立方米和 1.072 万亿立方米，[④] 比 2010 年的 6880 亿立方米分别增长 32% 和 56%。严酷的现实是，无论是地面水还是地下水，印度的供水能力均趋极限，维持现状已属不易，遑论继续扩大。

就地下水而言，印度很多地方特别是粮食主产区旁遮普和

---

① 笔者据各种数据（包括预测值）计算。

② "印度国家概况"（2014 年 9 月更新），中国外交部网站，http://www.fmprc.gov.cn/mfa＿chn/gjhdq＿603914/gj＿603916/yz＿603918/1206＿604930/。

③ 联合国粮农组织的估算，*Irrigation in Southern and Eastern Asia in Figures-India*，Aquastat Survey，2011，p. 17。

④ UNICEF，FAO and SaciWATERs，*Water in India：Situation and Prospects*，2013，p. 19.

哈利亚纳等地的地下水已经严重超采（抽取量大于补给量），难以为继。若坚持过量开采地下水，水位就会持续下降，打井抽水成本将迅速攀升，当局和农民将陷于两难：政府如不改变现行的打井抽水用电用油补贴政策，财政压力就会进一步加大，兴修农田水利、力推节水增效等治本之策的经费就更加无从落实；如骤然改变补贴政策，农民承受的经济压力就会急剧上升，这又会转化为对政治家的选票压力。[1] 若减少地下水的抽取量而地面灌溉水供应或节水措施未及时跟上，农业立即就会面临大规模减产的危局。据估算，地下水供应不足可对印度 1/4 以上的作物产量造成威胁。[2] 以历史数据来比较可得出类似结论：1963—1966 年，印度发生严重旱灾，粮食减产 20%，导致一场大粮荒；1987—1988 年，印度再次发生类似灾情，但粮食产量未出现大的波动，主要原因就在于地下水灌溉已经普及。[3] 又比如，号称印度粮仓的旁遮普目前种植稻米超过 280 万公顷，但在不超采的情况下，该邦地下水仅足以灌溉 180 万公顷稻米。[4] 若要保障地下水的可持续供给，旁遮普就必须为这 100 万公顷稻米另找水源。

---

[1] 原安得拉首席部长钱德拉巴布·奈杜在任内推广用水打表计费制，结果在下一次选举中失利下台。Seema Singh，"Pumping Punjab Dry," Institute of Electrical and Electronics Engineers website，May 28，2010，http：//spectrum. ieee. org/energy/environment/pumping-punjab-dry。

[2] *Deep Wells and Prudence：Towards Pragmatic Action for Addressing Groundwater Overexploitation in India*，World Bank，2010，p. 5，http：//www. fao. org/nr/water/apfarms/upload/PDF/world_ bank_ rep. pdf。

[3] *Deep Wells and Prudence：Towards Pragmatic Action for Addressing Groundwater Overexploitation in India*，World Bank，2010，p. 6。

[4] Seema Singh，"Pumping Punjab Dry," Institute of Electrical and Electronics Engineers website，May 28，2010，http：//spectrum. ieee. org/energy/environment/pumping-punjab-dry。

　　糟糕的是，印度的地面灌溉供水同样问题重重。印度北方主要采用运河、水渠来提供地面灌溉，南方则大量使用水库、蓄水池等。目前，印度各地农田水利工程普遍受到设施老化、管理不善、投资不足这三大问题的困扰。印度水利设施老化严重，灌渠淤塞、水渠渗漏、蓄水池坍塌等现象极为普遍，供水能力早已严重下降。灌溉设施需要良好的日常管理才能发挥效益，但印度的表现很不理想，如办事手续繁杂，供水不稳定，水费收取率很低：农村有 79.8%、城市有 45.7% 的家庭不付任何水费，比哈尔城乡不付水费的比例甚至高达 96.3% 和 98.6%。[①] 水费收取不足、政府重视不足、过度倚重地下水灌溉等因素又导致水利投资不足，结果就是农田水利设施普遍年久失修，供水能力持续下降。

　　有鉴于此，一旦地下水供给大幅下降，印度的地面水将很难承担起农业供水的重任，其农业生产、粮食安全和农民生活很可能因此受到严重冲击，[②] 粮食主产区特别是北方的旁遮普、北方邦、比哈尔等地将首当其冲。上述地区人口众多，在印度政坛的影响举足轻重，不稳定因素众多：旁遮普曾活跃着被称为"卡利斯坦"的分离主义势力且毗邻巴基斯坦，北方邦毗邻首都德里却又经济发展缓慢，比哈尔经济落后、民生困苦、治安欠佳、左翼游击队活跃，北方邦和比哈尔还是印度教民族主义的重镇，教派冲突风险较大。上述地

----

　　① *Drinking Water, Sanitation, Hygiene and Housing Condition in India*, NSS Report No. 556, July, 2014, Indian Ministry of Statistics and Program Implementation website, p. 36, http://mospi.nic.in/Mospi_New/upload/nss_rep_556_14aug14.pdf.

　　② 地下水位连连下降现已迫使不少农民举债来不断加深水井。"掘井致贫"已成为印度农民自杀的重要原因。V. Ratna Reddy, *Water Security and Management: Ecological Imperatives and Policy Options*, New Delhi: Academic Foundation, 2009, p. 20.

区若因农业问题发生大规模动荡，印度中央政局必将直接受到冲击。

对印度这样的人口大国来说，足以确保其粮食安全的灌溉用水可谓是生存之要，对农村发展、农业稳定、农民生计均具有决定性的作用。只有确保灌溉水稳定供给，生活用水安全可靠，印度农业与农村才能走上良性发展之路，否则，农民掘井致贫，甚至因贫自杀的悲剧就会年复一年地出现。①

二、对工业发展的影响

工业部门同样需要大量消耗水资源。印度制造业现在并不发达，却已经受到供水问题的严重困扰。印度工商联合会（FICCI）的一项调研表明：受访工业企业中有23%表示近年来的供水保障有困难；60%的工业企业认为供水问题已影响企业正常运营；更有高达87%的受访企业认为这一问题在10年内会发展到影响企业运营的地步，② 具体可分为水短缺、水污染、水价格三方面的影响。2004年，喀拉拉邦一家可口可乐工厂因过量抽取地下水被印度政府强令关闭。2007年，喀拉拉邦地下水管理部门宣布对境内的百事可乐公司超额取用地下水一事进行调查。③ 2012年4月，卡纳塔克邦的曼加罗尔冶炼与石化产品公司（MRPL）

---

① 2015年春，因季风异常造成旱灾，5月底之前仅马哈拉施特拉邦就有1088名农民自杀。Priyanka Kakodkar," In Maharashtra, Suicide Figures Shoot through the Roof," *Times of India*, June 11, 2015, http: //timesofindia. indiatimes. com/india/In-Maharashtra-suicide-figures-shoot-through-the-roof/articleshow/47621768. cms。

② *Water Use in Indian Industry Survey*, FICCI website, p. 2, http: // www. ficci. com/Sedocument/20188/Water-Use-Indian-Industry-Survey_ results. pdf.

③ *Water Stewardship for Industries*: *The Need for a Paradigm Shift in India*, World Wildlife Fund, 2013, pp. 13, 26.

因缺水被迫关闭两家工厂达 45 天之久，每天损失高达 2 亿卢比。[①] 2013 年 1 月，马哈拉施特拉邦政府为应对旱灾，决定暂停向酿酒企业供水，导致奥郎加巴德市的嘉士伯啤酒厂断水。[②] 2014 年，可口可乐公司因供水问题再次被迫关闭设在北方邦的一家工厂。[③] 水污染的影响同样严重。2011 年 2 月，纺织业重镇蒂鲁巴超过 700 家纺织厂因污水排放不达标而被迫关闭。2012 年 12 月，北方邦政府为治理恒河污染而命令该邦 7 家酒厂立即停产，要求另外 4 家酒厂将产量削减一半。[④] 水价的现实影响同样不容忽略。印度工商联合会的调研表明，近年来供水保障有困难的企业之中有 64% 必须为用水支付高价。目前，印度的工业用水主要来自地表取水，占 41%；其次是地下水，占 35%；市政供水只占 24%，完全集中在城市及周边地区。[⑤] 工业企业大量抽取地下水必然推高产品成本，延缓工业化步伐，因为工业用水得不到农业抽水的财政补贴，成本偏高。

为了更清楚地解释水问题对印度工业发展的制约作用，还可从供水保障、能源供应、原材料、产业布局这 4 个方面来分析。2014 年 5 月上台的莫迪政府正力推"印度制造"（Make in India,

① A. J. Vinayak and Richa Mishra, "Refinery Shut down Costs MRPL Rs 20 cr/day; Diesel Supplies may be Hit," *The Hindu Business Line*, April 25, 2012. http://www.thehindubusinessline.com/industry-and-economy/refinery-shutdown-costs-mrpl-rs-20-crday-diesel-supplies-may-be-hit/article3353441.ece.

② *Water Stewardship for Industries：The Need for a Paradigm Shift in India*, World Wildlife Fund, 2013, p.13.

③ "Water Shortage Shuts Coca-Cola Plant in India," CNBC website, June 20, 2014, http://www.cnbc.com/2014/06/20/water-shortage-shuts-coca-cola-plant-in-india.html.

④ *Water Stewardship for Industries：The Need for a Paradigm Shift in India*, World Wildlife Fund, 2013, pp.13, 19.

⑤ *Water Use in Indian Industry Survey*, FICCI website, p.2.

MII)，试图尽快实现工业大发展。大幅增加工业用水是发展制造业的必然要求：有研究认为印度工业用水将在2000—2050年间增加283%，达到原来的近4倍；[①] 印度工商联合会认为印度工业用水将大幅增长，占比在2025年和2050年将分别达到8.5%和10.1%。[②] 然而，印度在工业用水上的转圜余地极为有限：目前工业用水仅占用水总量的2.2%，农业用水占比倒是高达91%。[③] 增加工业用水有两个途径。一是全力增加供水总量，从而在用水比例变化不大的情况下，大幅增加工业用水的绝对量。鉴于印度用水总量已经过高，这一选项的破坏性必然很大且难以持续。二是在用水总量变化不大的情况下，大幅压缩其他用水特别是农业用水，为工业用水腾出份额。这样一来，工业用水的绝对量和相对量都可大幅增加。实际上，联合国粮农组织已经估计印度到2025年会将农业用水占比降到70%，[④] 也就是说要在近10年间将农业用水比例压缩近1/4。这种调整必然极为复杂、痛苦乃至危险，处置稍有不当即可引发工农业矛盾爆炸性发展，工人及企业家与农民及农场主的冲突、工业发达区与农业发达区的冲突、城市与农村的冲突均有可能严重激化。印度的用水保障顺序是先生活，次农业，最后是工业。与生活用水和农业用水的冲突已多次导致工业企业停产或缩减产能。然而，若不有效压缩农业用水，制造业就难以发展，就业就难以迅速扩大，贫困问题就

---

① *Water Stewardship for Industries: The Need for a Paradigm Shift in India*, World Wildlife Fund, 2013, p. 11.

② *Water Use in Indian Industry Survey*, FICCI website, p. 2.

③ *Irrigation in Southern and Eastern Asia in Figures-India*, Aquastat Survey, 2011, p. 8.

④ *Irrigation in Southern and Eastern Asia in Figures-India*, Aquastat Survey, 2011, p. 17.

难以缓解，印度经济的均衡与可持续发展将受到严重制约，"印度制造"将难以实现。

　　印度经济发展的一大瓶颈是能源短缺，能源业本身也是印度工业用水的大户（消耗了29.4%的工业用水），发展能源业必须保障其足量供水。印度在能源领域存在一种颇为奇特的现象，即水与电的相互牵制。印度农业高度依赖地下水，所以必须消耗大量电能来抽水，这一用电已占印度全国电能消耗量的近30%。[①]泰米尔纳杜、安得拉、[②] 卡纳塔克、古吉拉特、北方邦、旁遮普和哈利亚纳等邦的农业用电甚至占了全部发电量的35%—45%，[③] 由此挤占的用电份额就造成工业用电的结构性短缺。因此，增加工业用电的政策选项之一就是缩减地下水抽取量，一可直接削减灌溉用电；二可涵养地下水，促使地下水位逐步上升，从而以减小提水距离的方式来间接减少灌溉用电。

　　另一政策选项是扩大能源供应，但火电和水电均受到水资源的强烈制约。印度当前67%的电力供应来自火电，煤电在火电之中占57%的份额。"十二五"期间（2012—2017年）计划新增火电装机容量8.85万兆瓦，其中78%是煤电。火电特别是煤电需大量取水用于冷却和冲洗。据预测，到2025年，印度热电厂的用水量将达到2010年的174%并持续攀升，到2050年会达到2010年用水量的3.7倍。更糟糕的是，印度现在70%以上的

---

　　①　K. 纳鲁拉、高建菊、赵秋云："印度将面临的水安全挑战"，《水利水电快报》2013年第5期，第7页。

　　②　原安得拉邦已在2014年6月一分为二，原辖境重划为安得拉和特仑甘纳两邦。本书涉及安得拉邦处，时间在分邦之前者，均指包括两新邦的原安得拉邦；时间在分邦之后者，均仅指新安得拉邦。

　　③　K. 纳鲁拉、高建菊、赵秋云："印度将面临的水安全挑战"，《水利水电快报》2013年第5期，第7页。

热电装机能力都分布在缺水地区，79%的新增装机能力将配置在缺水地区。这种布局必然大大加剧发电用水的困境。[1]

　　热电厂大量用水，与工农业部门存在竞争关系，在工业领域形成"有水无电"或"有电无水"的窘境：在水量不足的情况下，优先保障热电厂的发电用水，工业部门就不得不缩减生产用水；优先保障工业用水，热电厂就难以生产出足够的电力，也会制约工业发展。在农业领域则形成"有粮无电"或"有电无粮"的困境，即发电与灌溉用水难以兼顾。有研究表明，马哈拉施特拉邦韦丹巴（Vidarbha）热电厂（总装机容量5.5万兆瓦）会导致瓦尔达（Wardha）和韦恒伽（Wainganga）两县的灌溉用水和其他用途水资源分别减少40%和17%。实际上，面临沉重农业用水和民生保障压力的印度，在这一问题上的选择余地并不大，"压电保粮"或"压电保生活"几乎是必然的选择：2010年5月，为优先保障居民生活用水，马哈拉施特拉邦的钱德拉普尔超级热电厂（总装机容量2340兆瓦）部分机组被迫关停数月之久。2012年4月，赖库尔热电厂又因同样原因关闭数天。[2]

　　水电的情况略有不同，但同样存在用水难以兼顾的难题。印度水能资源丰富，排名全球第5位，预计总装机容量14.87万兆瓦，80%分布在布拉马普特拉河、恒河和印度河流域。[3] 水电厂本身不需大量耗水，但必须维持较大的水库容量和水流量来保障

---

[1] *Water Stewardship for Industries: The Need for a Paradigm Shift in India*, World Wildlife Fund, 2013, pp. 16 – 17.

[2] *Water Stewardship for Industries: The Need for a Paradigm Shift in India*, World Wildlife Fund, 2013, pp. 17 – 18.

[3] *Irrigation in Southern and Eastern Asia in Figures-India*, Aquastat Survey, 2011, p. 7.

发电机组正常运作。在旱季，为保障下游用水特别是农业灌溉用水而亟需减少库容的情况下，发电需求必然难以兼顾。

工业特别是轻工业往往以农产品为原材料，纺织业、食品工业（包括饮料业）、制糖业等更是如此。纺织业是印度的支柱产业，产值占国内生产总值的4%、工业产值的14%。充足供水是棉花种植及纺织产业的命脉，因为棉花是耗水最多的作物之一，每生产1千克棉花耗水量高达20立方米。印度是全球糖业大国，2010年产量占全球产量的22%，甘蔗种植面积占全球的25%。甘蔗种植业耗水量很大，直接受制于供水状况。据研究，降水减少造成印度2008年甘蔗种植大幅下降，降幅高达45%，严重冲击了制糖业。2012年12月，缺水导致的原料短缺再次迫使印度部分糖厂停工。[①] 前文已讨论了水资源约束对印度农业发展的影响。这里要补充一点：农业用水的优先保障对象只能是粮食而不是经济作物。这一选择虽合情合理，但对工业生产来说却不是什么好消息。

产业布局和贸易结构也受到水资源的严重制约。不同产业的耗水量差异很大，从水资源严重短缺的现实国情出发，印度理应优先发展低耗水产业。然而，印度现有产业结构却严重偏向于纺织、制糖等高耗水行业：纺织业产值已占全国GDP的4%、工业产值的14%，为3500万人提供了就业机会；印度2010年的糖产量占全球产量的22%，甘蔗种植面积占全球的25%。由此可见，印度现有产业结构已大大超过其水资源支持力，亟需加以调整。印度的国际贸易格局同样与其水资源短缺的国情相矛盾。纺织品出口已占印度外汇总收入的17%。纺织业本身就是高耗水

① *Water Stewardship for Industries: The Need for a Paradigm Shift in India*, World Wildlife Fund, 2013, pp. 18, 23.

行业，而印度纺织业耗水量又特别大：印度每生产 1 吨棉布需耗水 200—250 立方米，而世界先进水平仅耗水 100 立方米。仅纺织品出口一项就相当于每年向国外出口高达 250 亿立方米的水资源。[1] 这种状况显然亟需矫正。然而，路径依赖是各国产业发展所普遍面临的一大问题，从节约时间、降低成本、充分发挥已有产业联动效益的角度考虑，"印度制造"很难抛开既有产业结构而另起炉灶，很可能要延续既有产业结构并加速发展，但这与水资源可持续发展的要求又背道而驰。即便印度下决心来调整产业与贸易结构或升级节水技术，要取得成效也必须经过或长或短的过渡期，水资源在过渡期内承受的压力只会增大，不会减小。

制造业大发展对扩大就业、加速经济发展具有极端重要的意义。越来越多的人认识到，那种认为印度能跨过制造业驱动，直接进入服务业驱动的经济模式的看法，并不完全正确。随着莫迪政府公开提出"印度制造"的口号，印度国内外纷纷热议印度制造业的发展潜力和远大前景。为此，印度必须确保足量的工业用水，妥善协调工农业用水的关系，保证水价位于合理区间之内。对印度政府来说，这是个相当艰巨的任务。

三、对城市化的影响

城市化是工业化、现代化的重要动力。印度 2011 年的城市化率仅 31.3%，预计到 2050 年城市人口会翻番，总量将超过 8 亿。也就是说，印度必须设法为新增的 4 亿多城市居民提供足够的清洁用水。综合考虑印度落后的城市基础设施，年久失修且投资更新严重不足的城市供水体系，以及大幅下降的地下水位，这

----

① *Water Stewardship for Industries：The Need for a Paradigm Shift in India*，World Wildlife Fund，2013，pp. 18，23.

一任务无疑是相当艰巨的。城市人均用水一般为农村人均用水的2倍至3倍。印度如不能为城市居民足量提供清洁的饮用水，则印度城市化必然遭遇瓶颈，难以顺利发展。印度历史上不乏这方面的惨痛教训。在400多年前的莫卧儿时代，印度即曾因供水问题而被迫放弃使用仅10多年的都城法提赫普尔—锡克里（Fatehpur-Sikri），印度南方名城海德拉巴也是在当地土邦因缺水而被迫放弃原都城后才趁势兴起的。

　　印度当前的饮用水供给情况很不理想。据统计，印度2014年自来水供应率仅43.5%，城市为70.6%，农村地区仅为30.8%。① 德里、孟买、加尔各答这三大城市的日供水缺口分别高达105万、144万和132万立方米，日均供水时间分别仅为2—3小时、2—4小时和10小时。② 南方新兴城市班加罗尔生活用水供应严重短缺，每人日均供水量应为150升，实际供水量仅65升，供需比为1:2.3，预测这一比例将在9年内增长到1:3，③缺水情况将更加严峻。在缺水严重的北方邦，其首府勒克瑙某些地区的供水模式可谓千奇百怪，有的地区仅每天凌晨（时间不固定）有1小时供水，有些地区早晚各供水半小时。④ 2010年的德里仅有72%的居民能享有稳定的市政供水，供水管网未覆盖的

① "India in Figures-2015," Central Statistics Office, Ministry of Statistics and Programme Implementation, Government of India, p. 3.

② Neha Shukla, "Grappling with Scarcity as Water Table Sinks," *Times of India*, July 23, 2015, http://timesofindia.indiatimes.com/city/lucknow/Grappling-with-scarcity-as-water-table-sinks/articleshow/48180441.cms.

③ Alison Saldanha, "Bengaluru Wastes Nearly 50% of the Water It Gets from Cauvery," Economic Times, *September* 16, 2016.

④ Neha Shukla, "Grappling with Scarcity as Water Table Sinks," *Times of India*, July 23, 2015, http://timesofindia.indiatimes.com/city/lucknow/Grappling-with-scarcity-as-water-table-sinks/articleshow/48180441.cms.

居民只能依靠手泵和供水车，由此导致供水状况严重失衡：全德里的日人均供水量为191升，但某些地区仅30—40升，另一些地区又可高达500升。[①]

水短缺制约城市化健康发展的最新例子是：2015年夏，泰米尔纳杜首府、全印第四大城市钦奈因持续干旱爆发供水危机，供水当局要求居民削减用水20%，并建议居民以安装集雨装置、检查管网渗漏等方式来共渡难关。钦奈附近的韦纳姆湖（Veernam lake）本来会在每年6月开始供应农业用水，但当局2015年被迫将湖水改为钦奈的备用水源。[②]

四、财政影响

涉水问题对印度中央政府和地方政府的财政健康产生了极为不利的影响，形成难以解脱的恶性循环，具体可从补贴和收费两个角度来分析。印度各地长期为灌溉用电提供财政补贴，多年积累已形成巨额财政赤字。据统计，印度2005年全国平均发电成本约350卢比每千瓦时，而灌溉用电的全国平均收费仅为40余卢比每千瓦时，旁遮普、泰米尔纳杜完全免费，中央邦和比哈尔邦的收费仅为10—20卢比每千瓦时，北方邦收费较高，也仅为120卢比每千瓦时左右。世界银行认为，印度该年度的灌溉用电补贴已占全部电费的10%，即约2400亿卢比，相当于国家财政

---

① Rumi Aijaz, "Water for Indian Cities: Government Practices and Policy Concerns," ORF Issue Brief, # 25, September, 2010, p. 4. Rumi Aijaz, "Water Crisis in Delhi," *Seminar*, No. 626, October, 2011, pp. 44 – 45.

② Abdullah Nurullah, "Staring at Water Crisis, Chennai Administration Wants You to Cut down Use by 20%," *Times of India*, July 23, 2015, http://timesofindia. indiatimes. com/city/chennai/Staring-at-water-crisis-Chennai-administration-wants-you-to-cutdown-use-by – 20/articleshow/48181378. cms.

赤字的 1/4。① 2007 年的另一项评估认为，印度在灌溉用电上的补贴额高达每年 2600 亿卢比，且正以每年 26% 的速度高速增长。② 此外，印度很多地方对抽取地下水所使用的燃料也有补贴，这又是一笔巨款。对水稻、小麦等耗水作物的最低收购价政策不仅变相鼓励超采地下水，对财政也是不小的压力。③

印度城乡水费收取率都非常低。偷水现象在广大城乡极为普遍，爆管和管网渗漏情况严重，还有很多用水根本就不打表计费，仅根据估算额收取象征性的低额水费。20 世纪 90 年代对印度 17 个城市的跟踪研究表明，管网泄漏导致的水损失在 17%—44% 之间；亚洲开发银行 2007 年的研究表明，泄漏再加上窃水导致的水损失可高达 60%。④ 印度的灌溉用水收费情况尤其糟糕，水费甚至不足以覆盖灌溉工程的维护运营成本。⑤

从经济角度考虑，数十年如一日地以公共财政补贴私人灌溉用电的政策势必不可持续，没有前途。然而，政治家出于选举利益的考虑，不愿也不敢削减补贴。虽然各种研究和政策报告均建议政府提高水费收取率，但对于以更好的供水服务来换取更有效的水费征收，将此前的恶性循环转变为良性循环的问题，很少有印度政治家能够认真考虑，遑论付诸实施了。

---

① World Bank, *India's Water Economy: Bracing for a Turbulent Future*, Washington, DC: World Bank, 2005, pp. 9, 11.

② *Deep Wells and Prudence: Towards Pragmatic Action for Addressing Groundwater Overexploitation in India*, World Bank, 2010, p. 5.

③ Inderjeet Singh, "Ecological Implications of the Green Revolution," *Seminar*, No. 626, October, 2011, p. 41.

④ *Guidelines for Improving Water Use Efficiency in Irrigation*, Domestic & Industrial Sectors, Central Water Commission, November, 2014, pp. 7 - 8.

⑤ *Guidelines for Improving Water Use Efficiency in Irrigation*, Domestic & Industrial Sectors, Central Water Commission, November, 2014, p. 6.

以上种种，对中央和地方政府均构成沉重的财政压力，不仅大幅压缩了能源交通基础设施和其他城乡建设的经费，更严重挤占政府可投入于农田水利、节水灌溉、节水良种推广、输水管网改造等方面的资金。投资不足又导致这些涉水部门的效益进一步下降，促使社会各界普遍沿袭各种不利于水资源可持续发展的浪费低效习惯。

第二节 ‖ 加剧国际水争端 ‖

研究印度的水安全问题必须充分考虑复杂的国际因素。印度北方有恒河、布拉马普特拉河等大江大河从中国、尼泊尔、不丹等流入印度境内，每年为印度带来 6352 亿立方米水量，导致印度水资源对外依存度高达 30.52%。印度每年的出境水流量更大，达到 1.3852 万亿立方米，其中 200 亿立方米流入缅甸，2435.8 亿立方米流入巴基斯坦，1.12162 万亿立方米流入孟加拉国。[①] 印方与上述六国中的四国均有现实或潜在的水争端，仅与缅甸无大的分歧，与不丹保持了良好合作。印度水危机趋于恶化很可能加剧已有争端，激活潜伏争端，加剧地区动荡。

一、印巴水争端

1947 年印巴分治，印巴水资源争端也同时产生，涉及的主要是印度河水系的水分配问题。富庶的旁遮普地区是原英属印度的粮仓，印度河纵贯其中，5 条大的支流和无数小支流纵横密

---

① *India Factsheet*, Global Information System on Water and Agriculture, http://www.fao.org/nr/water/aquastat/main/index.stm.

布，多年来的灌区建设形成极为发达的灌溉农业。1947 年的印巴分治将旁遮普平原及其灌溉体系一分为二，彻底打乱了原有的用水安排。当时的局势对巴基斯坦非常不利，因为旁遮普各大河的上游均在印方或克什米尔境内，下游则在巴基斯坦境内，巴方难以有效控制水资源，实际上受制于印方。由于水资源不能片刻中断，印巴两国的旁遮普当局 1947 年 12 月 20 日签署"冻结"协议，同意在两国达成正式协议之前，维持现有供水格局不变。协议到期的次日即 1948 年 4 月 1 日，印度突然切断流经拉维河与萨特累季河取水口的取水工程，直接影响到下游地区拉合尔等大中城镇的用水，令巴基斯坦农业受到严重威胁。印方还自称有权为保持供水而向巴征收"特许税"（Seigniorage）。印方学者承认，上述强硬做法的目的很可能是一方面借此在克什米尔问题上施压，另一方面令巴对自身在水问题上的脆弱性产生切肤之痛。印方做法引起巴方强烈反对。1948 年 5 月 4 日，两国签署《德里协议》，印度同意继续供水，巴方被迫妥协，同意为此付费。[①]1949 年 6 月 16 日，巴方将争端提交国际法院，后来又进一步考虑将此事提交安理会。印方也于 1950 年 5 月 10 日在国际法院提起反诉。此后经世界银行调停，双方在 1960 年签署《印度河水条约》（Indus Water Treaty）。条约将印度河流域分为东西两部，西部河流（印度河干流、杰卢姆河和奇纳布河）水资源基本归巴方使用；东部河流（拉维河、比亚斯河和萨特累季河）的水资源归印度使用，相当于全流域水量的 20% 左右，平均年水流量 410

---

① Abdul Sattar, *Pakistan's Foreign Policy 1947—2012：A Concise History*, Oxford University Press, 2014, p. 2. 巴外长萨塔尔抱怨，当时"巴方受影响区域的农业面临着毁灭的危险，迫于压力不得不屈服"。

亿立方米。[①] 此外，印度还有权使用西部河流的上游部分水量，但限于居民生活用水、非消耗性使用（Non-consumptive Use）、农业用水和水力发电，对后两项用途还通过条约附件做了较明确的限制性规定。[②]

一般认为，《印度河水条约》较好地解决了印巴水争端。首先，条约较成功地化解了纠纷，改变了印巴水博弈的模式。签约前，两国均把主要精力放在相互争夺、相互抨击之上，争端不时升级；签约后两国仍有争执，但主要是围绕条约的解释与执行而产生的分歧，真正的关注焦点已变为如何充分开发利用己方用水份额。其次，条约推动了印巴各自的水利开发。《印度河水条约》令印巴两国各有所得。印方分得的水量虽较少，却较完整地掌握了萨特累季河、拉维河与比亚斯河的水资源，得以不受干扰地大幅增加印境内旁遮普和哈利亚纳地区的灌溉田，甚至借英迪拉·甘地运河工程向原本干旱的拉贾斯坦地区调水，为后来的"绿色革命"奠定了良好基础。巴方则为主要粮仓旁遮普和信德地区争取到稳定的农业灌溉用水，不仅保障了两地的农业发展和社会稳定，更为全国的粮食安全提供了有力保障。明确的用水份额也令巴基斯坦放下心来，稳定地为印度河中下游的水利建设投资，有效促进了全流域的综合水利开发。第三，条约表现出惊人的韧性，成为印巴关系的"压舱石"。《印度河水条约》签署距今已有57年，其间的印巴关系风云变幻，经历了1965年和

---

① IDSA Task Force, *Water Security for India: The External Dynamics*, New Delhi: Institute of Defense and Analysis, September, 2010, p. 31.

② 详见世界银行相关网页，内含条约全文、附件、后续争议及仲裁等资料。http://web. worldbank. org/WBSITE/EXTERNAL/COUNTRIES/SOUTHASIAEXT/0, contentMDK: 20320047 ~ pagePK: 146736 ~ piPK: 583444 ~ theSitePK: 223547, 00. html。

1971 年的两次印巴战争，锡亚琴冰川炮战、卡吉尔冲突等多轮武力对抗，以及漫长的印巴对峙。可以说，几十年来的印巴关系持续紧张，少有缓和，两国均毫不掩饰对另一方的敌意，对印巴合作始终疑虑重重。与此形成对照的是，《印度河水条约》在这半个多世纪的漫长时间里，总体上保持了平稳运作，即便近年来印巴水分歧再次凸显，条约仍维持了有效运作，持续维护着两国的基本分水秩序。第四，条约的争端解决机制运作有效。近年来，印巴水争端明显升温，但基本都是条约框架之内的争议，也通过条约规定的流程如指定中立专家调查、国际仲裁等得到解决，至少得到阶段性解决或缓和。特别要指出的是，尽管印巴在心理上都对这一机制及争端的解决结果抱有一定乃至颇为强烈的不满情绪，但双方的实际做法仍然尊重了条约所规定的机制。或许正是由于以上原因，有分析直言不讳地指出，就执行情况而言，《印度河水条约》甚至比印度国内的大多数邦际涉水协定要好很多。[①]

当然，这一条约也不是完美的，印巴双方均有不满情绪。一方面，巴方认为自己境内分布着原旁遮普 90% 的灌溉田，却只分到 80% 左右即 1660 亿立方米的河水，印方当时对印度河水系供水的实际使用量仅 40 亿立方米，却分得 410 亿立方米的份额；东部河流完全分配给了印方，巴方作为下游国家的权益未得到保障；巴方位于西部三河以东的灌溉田用水无保障，必须从西侧引水灌溉；改造西部河流工程复杂，运营维护成本过高；巴方只有

---

① Mahadevan Ramaswamy, "Water as Weapon: Risks in Cutting off Indus Waters to Pakistan," *Hindustan Times*, September 29, 2016, http://www.hindustantimes.com/editorials/water-as-weapon-risks-in-cutting-off-indus-waters-to-pakistan/story-kYqjweM43pJlMsm8d3fN7L.html.

印度河水系可以利用，风险集中，印度则有多条水系可资利用，足以分散风险；印度在上游排污，污染了巴境内河水，对巴安全用水与公共卫生造成损害。[①]《印度河水条约》未涉及地下水管理，但 20 世纪六七十年代以来，印巴两国均在旁遮普地区大量抽取地下水，这一问题也日渐突出。巴方很多人认为，东西旁遮普地下含水层相通，东旁遮普过度抽水会导致其地下水位下降，西旁遮普的地下水会顺势流向东侧，实际效果相当于印方在自己境内抽取了原本属于巴基斯坦的地下水，属于"偷水"。

另一方面，印方也有很多人抱怨《印度河水条约》对巴基斯坦过于慷慨，对印度不公平，认为印方的合理分配额度应该是 42.8% 而不是 20% 不到。有人抱怨尼赫鲁当年过于谦恭平和，缺乏斗争精神，受了巴方算计。有观点认为条约是当年美国人插足南亚，避免苏联插手次大陆事务的工具，是冷战的产物。还有人表示，印方对条约的基本思路是"以水资源换和平"，但此后数十年的印巴关系长期紧张，说明上述策略并不成功。更极端的看法认为，条约已成为对印度的单方面约束，条约得以维持主要是因为印度高度尊重条约，几乎完全出于印度的单方面善意而非双方的对等善意。还有人表示，条约损害了克什米尔的利益，妨碍了克什米尔的农业灌溉和水电建设，[②]是克什米尔局势迟迟难以稳定的重要原因。

这里要重点谈一下《印度河水条约》的争执焦点。从根本上说，《印度河水条约》主要仿效了印巴分治在国土、物资、经费

---

① "Industrial Waste from India Polluting Water," *The Dawn*, November 27, 2013, http://www.dawn.com/news/1058841/.

② Uttam Kumar Sinha, Arvind Gupta and Ashok Behuria, "Will the Indus Water Treaty Survive?," *Strategic Ananasis*, No. 5, 2012, pp. 735-752.

乃至军队等方面的普遍做法，即将待分配物（此处为水资源）尽可能明确划分权属，基本思路是将河流分为东西两部，分别划归印巴两国。应该承认，上述划分是比较明确的，后来也很少围绕这一大原则发生争执。争执的焦点（也是双方不满的焦点）主要集中于西部河流上游河段的利用问题。条约对这一问题的态度颇为纠结：一方面允许印度使用西部三河的上游水量，包括居民生活用水、非消耗性使用水、农业用水和水力发电，允许印方蓄积不超过44.4亿立方米的水量；另一方面又对印方规定了严格的技术限制，如要求及时将建设计划通报巴方、及时充分交换水文资料等；此外条约对非消耗性使用也没有明确界定。[①] 这种权属不够明晰的格局确实容易引发争端，更何况是在印巴这对互不信任的对手之间。

巴基斯坦早在20世纪70年代就强烈反对印方在奇纳布河上游规划的萨拉尔大坝（Salal Dam）工程，迫使印度修订了原设计。巴方反对印度在杰卢姆上游建设图尔布尔航运工程（Tulbul Navigation Project，巴方称之为伍拉尔水坝，Wullar Barrage），导致工程推迟至今也未完成。[②] 20世纪90年代末，印巴开始围绕奇纳布河上游的巴格里哈大坝（Baglihar Dam）工程发生严重争

---

① "Article III: Provisions Regarding Western Rivers," *Indus Water Treaty*, 1960, http://siteresources.worldbank.org/INTSOUTHASIA/Resources/223497 – 1105737253588/IndusWatersTreaty1960.pdf.

② 该项目始于1984年。1985年2月，巴方了解到印度正在修建此项目，要求印方解释，双方讨论的主要问题是该项目是否仅为航运工程，是否涉及蓄水工程。工程建设持续到1987年7月并完成40%的工程，在巴方要求下暂时停工。双方最终在1991年10月达成一致。印度承认所修建的堰坝工程含有蓄水项目，同意按《印度河水条约》的规定使用分配给它的蓄水容量，印方同意修改工程结构设计。然而，双方仍不能就吉申根项目达成一致。这一争议仍未解决，图尔布尔航运工程仍未复工。N. A. 扎瓦赫里："印度和巴基斯坦在印度河水系上的合作"，《水利水电快报》2011年第5期，第13页。

端。巴方自 1999 年以来多次与印方交涉，认为工程违反了《印度河水条约》，工程储水量将赋予印度制造人为洪水来打击巴基斯坦的能力。2005 年，巴基斯坦首次要求按条约规定，指定中立专家调查并做出仲裁。2007 年做出的裁决要求印方对设计进行一定的修改，但支持印度的主要主张。两国继续磋商，在 2010 年左右基本解决了这一争议。另一大的争端是吉申根加（Kishanganga）水电项目。印度计划从杰卢姆河的支流尼卢姆河（Neelum，亦称 Kishanganga）改道，将河水引入离原河道 30 公里左右的陡崖，在此处建立水电站，并利用河水落差发电，发电后的水流将返回杰卢姆河。巴方对此持强烈反对态度，2010 年将争端提交海牙国际仲裁庭。海牙国际仲裁庭 2013 年做出的最终裁决支持印度有权根据《印度河水条约》从事水力发电，同时又要求印方必须保证尼卢姆河全年均有 9 立方米/秒的流量。一般认为这一裁决更有利于印方，不过巴方也有观点认为，裁决明确指出印方在西部河流只能采用径流式水电站而不能储水，要求其将来的水电站建设必须采用最新技术，故实质上更有利于巴方。[1] 然而争端并未就此结束，印方正在加速建设，巴方也继续提出反对意见，表示协商不成将考虑提交国际法院解决。[2]

　　近年来的水争端已导致印巴关系明显波动，氛围越发冷淡，互信进一步削弱。很多巴基斯坦人士认为印度正利用水资源对巴

---

① Zafar Bhutta and Shahram Haq, "Kishanganga Project: Victory Claims Cloud Final Arbitration Award," *The Tribune*, December 22, 2013, http://tribune.com.pk/story/648986/kishanganga-project-victory-claims-cloud-final-arbitration-award/. "Kishanganga Award an Achievement, Says Pakistan," *The Hindu*, March 16, 2013, http://www.thehindu.com/news/international/south-asia/kishanganga-award-an-achievement-says-pakistan/article4513506.ece.

② Khalid Hasnain, "Water Row with India may be Taken to ICJ-Pakistan," *The Dawn*, August 26, 2014, http://www.dawn.com/news/1127775.

发起"悄无声息的战争"（silent war），指控印度蓄意谋求将巴基斯坦变为一片沙漠。巴基斯坦前陆军参谋长指责印度破坏巴基斯坦稳定，蓄意剥夺巴方用水份额，谋求建立水霸权。[①] 2014 年 9 月、10 月，巴民间一度盛传境内洪灾是印度在上游大量放水的结果，将此称为"水恐怖主义"或"水侵略"。传言之盛甚至迫使巴水利与能源部长在议会公开澄清洪灾实为印控克什米尔和巴基斯坦同时下大雨的恶果，表示"并无证据显示印度故意向下游放水"。[②] 令人尴尬的是，部分巴方人士并不信任这一澄清，反倒质疑部长立场有问题，在帮印度说话。巴方高层近年来不断以各种形式向印方表达不满。2009 年，巴总统扎尔达里公开表示"巴基斯坦的水危机与印度直接相关"；[③] 巴总理教育问题顾问（前外长）甚至表示，"印度继续阻止巴基斯坦获得其正当份额（的印度河水）可能导致战争"；[④] 巴前总理也称两国水危机的严重程度可能超过恐怖主义问题，甚至可能引发战争。[⑤] 总而言之，巴方很多专家和政府官员对印巴涉水关系的态度确实颇为悲观，谈论"水争端"或"水战争"或许只是其极端焦躁心理的情绪化反映，甚至是种压力策略，但两国的涉水纠纷复杂难解确实是不争的事实。近年来，印巴两国国内的水危机均呈恶化之势，两

---

① "Aslam Beg on India's Water Hegemony," *The Dawn*, March 5, 2012, http://www.dawn.com/news/700469/aslam-beg-on-indias-water-hegemony.

② Amir Wasim, "India not Involved in 'Water Terrorism', Asif Tells Senate," *The Dawn*, October 21, 2014, http://www.dawn.com/news/1139322.

③ Asif Ali Zardari, "Partnership with Pakistan," *Washington Post*, January 28, 2009, http://www.washingtonpost.com/wp-dyn/content/article/2009/01/27/AR2009012702675.html.

④ "Water Dispute and War Risk," *The Dawn*, January 18, 2010, http://www.dawn.com/news/838786/water-dispute-and-war-risk.

⑤ IDSA Task Force, *Water Security for India: The External Dynamics*, New Delhi: Institute of Defense and Analysis, September, 2010, pp. 41 – 43.

国关系改善的步伐也已停滞多年。可以设想，印巴水分歧在未来很可能继续发展，不能排除在特殊情况下水分歧迅速升级乃至诱发冲突与国际危机的可能。

印方很多人几十年来一直对《印度河水条约》严重不满。在印巴水争端升级的情况下，不少人提出修改乃至废除《印度河水条约》的问题，还有人主张抢先开发印度河水资源。印度防务智库国防分析研究所对印巴水争端进行了专题调研，认为印方可采取的应对措施大体包括如下几点。首先，将中国引入印度河水争端。巴基斯坦一直批评印度在印度河及其支流的上游从事水利建设，而中国已在更上游地区完成一些水利工程，对印巴两国都可产生影响。将中国拉进印巴水争端之后，巴方如继续抨击印方在上游的水利活动，印方就可以拉中国来做挡箭牌；巴方如不抨击中方，也就没有理由抨击印方；巴方若坚持"双重标准"，就会暴露自己"无事生非"的真实意图，对印度也是有利的。而且，这也有利于印在对华"水争端"中牵制中方，可谓一举两得。如果再将阿富汗也拉入印度河水争端（阿境内的喀布尔河是印度河支流），则原来的印巴双边问题就会变为多边的地区问题，同样有利于印度。其次，加速开发印度河水，充分行使印方权利，一则可获取实利，再则可为进一步提高要价制造氛围。再次，考虑与巴方重新谈判《印度河水条约》，并特别强调印方只需与巴方对话（talk）而非磋商（negotiation），印方应重点强调自己的用水需求，不必纠缠于用水权利。这一策略可视为向巴基斯坦施压的筹码，但印度单方面强调自己的用水需求必然遭遇巴方的同样"声索"，这种竞相提高叫价的策略对解决争端恐怕并无好处。对《印度河水条约》，印方可能提出的修订要求主要是降低对印开发西部河流的严格约束，为更多的开发活动开绿灯。最后，在极端情况下，印度可考虑援引《国家对国际不法行为责任条款草案》（Draft Articles on Responsibility of States for Internationally Wrongful Acts），以巴基斯坦长期支持针对印度的恐怖活动并对印造成巨大损害为由，要求巴方进行赔偿，若遭到拒绝，则考虑以废除《印度河水条约》作为合法的报复手段。[①] 然而，印方国力虽大大强于巴基斯坦，但其优势尚远未达到足以予取予求的地步，再考虑到印巴均为有核国家的实际情况，废除《印度河水条约》甚至切断巴基斯坦水源的做法必然是行不通的。综合观之，这种说法主要是种压力策略，目的是迫使巴方在其他问题特别是"极端势力渗透"的问题上做出妥协。尽管如此，这一策略的破坏性仍是难以预料的，甚至仅仅是对其大肆宣扬就足以动摇南亚局势稳定，对此应保持高度警惕。

印方还有研究主张将印度河水问题与克什米尔争端联系起来。实际上，印巴水争端的确与克什米尔关系密切，因为3条西部河流即印度河干流、杰卢姆河和奇纳布河的上游都要流经印控克什米尔。多年来，印控克什米尔的政治家一直表示该地用水权益特别是水电开发受到《印度河水条约》的侵害，批评印巴两国当年完全没有征求克什米尔的意见就签订了《条约》，损害了克什米尔利益，要求得到赔偿（该邦水利专家称损失额高达44.7亿美元，要求印度政府给予18亿美元的赔偿），[②] 甚至直接提出要接管印度国立水电公司在印控克什米尔境内的6座水电站来抵债。印巴双方也不讳言水问题与克什米尔问题的相关性。巴控克

---

① IDSA Task Force, *Water Security for India：The External Dynamics*, New Delhi：Institute of Defense and Analysis, September, 2010, pp. 41－43.

② "Indian-controlled Kashmir Govt Counts Loss from Indus Water Treaty," People's Daily Online, May 12, 2011, http://en. people. cn/90001/90777/90851/7377858. html.

什米尔有观点公开表示，捍卫克什米尔事业就是保卫巴基斯坦的用水权益。印方也有人认为，向巴基斯坦提出克什米尔的用水权益问题，不仅有利于印方争取更有利的水安排，更可凸显巴方与印控克什米尔的矛盾，"揭露"巴对克什米尔人民权益的"虚伪态度"。①

2016 年夏，印巴关系因克什米尔问题而再度紧张，以 9 月 18 日印方哨所遇袭事件为转折点，印度河水问题出乎意料地再次成为争执焦点。23 日，印度外交部发言人公开表示两国在《印度河水条约》的执行方面存在分歧，且"条约正常运行的前提是双方必须建立互信、相互合作"。② 26 日，印度总理莫迪召集国家安全顾问、外交秘书、水利秘书、总理首席秘书等高官开会，专门评估《印度河水条约》。据披露，会上讨论了三种政策选项，即废除《印度河水条约》、重新考虑动工建设图尔布尔航运工程、暂停参与印度河水委员会会议。会议最后决定采纳后两项措施，同时宣布要将西部三河的用水量提升到条约所允许的最大值，③ 决定建立部际工作小组来研究条约的细节和具体运作，似乎是为采取进一步行动做准备。莫迪在会议上高调而含糊地表示"血与水无法合流"（blood and water can't flow together)，引起外界各种解读。有人认为这是种向巴施压的策略，但也有人主张

① Uttam Kumar Sinha, Arvind Gupta and Ashok Behuria, "Will the Indus Water Treaty Survive?" *Strategic Analysis*, No. 5, 2012, pp. 745 – 746.

② "Mutual Trust Must for Treaties Like on Indus Water to Work, Says India," *Hindustan Times*, September 23, 2016, http://www.hindustantimes.com/india-news/mutual-trust-must-for-treaties-like-on-indus-water-to-work-says-india/story-gQfGkN1k7W5hmjiIxwxwhK.html.

③ Anwar Iqbal, "Indus Waters Treaty Model of Peaceful Cooperation, Says US," *The Dawn*, October 3, 2016, http://www.dawn.com/news/1287720/indus-waters-treaty-model-of-peaceful-cooperation-says-us.

印度应趁机彻底重修《印度河水条约》。印控克什米尔副首席部长辛格（Nirmal Singh）公开表示，克什米尔会全力支持中央政府在条约问题上的任何决定，因为条约对克什米尔不公正，限制了其使用水资源的权利，对其造成了巨大损失。[①]

　　毫不令人意外的是，巴方立即做出强烈反应。议会两院都爆发了激烈的抨击声浪，有议员公开表示，幸好巴基斯坦是核国家，可以免于被讹诈。参议院主席表示"干预巴基斯坦的供水等同于进攻行为，必须以同样的进攻予以回击"。[②] 鉴于印方多次公开谈论对巴发动突袭，有分析甚至将此视为对巴发动外科手术式打击之前奏。[③] 巴总理外交与国家安全事务顾问阿齐兹（Sartarj Aziz）指责印方做法违反国际法，切断巴方水资源供应等同于战争行为，威胁要向联合国安理会和 5 个常任理事国控诉印方。巴方还专门派员会见世界银行管理层，要求其制止印方建设水利工程，并提醒世界银行有权根据条约规定建立仲裁庭来解决争端。[④]

---

① "PM Modi Reviews Indus Water Treaty, Says 'Blood and Water Can't Flow together'," *Times of India*, September 26, 2016, http：//timesofindia. indiatimes. com/india/ pm-modi-reviews-indus-water-treaty-says-blood-and-water-cant-flow-together/articleshow/ 54526722. cms.

② Amir Wasim and Hassan Belal Zaidi, "Violation of Indus Waters Treaty will be an 'Act of War'," *The Dawn*, September 28, 2016, http：//epaper. dawn. com/DetailImage. php? StoryImage = 28_ 09_ 2016_ 003_ 004.

③ Sikander Ahmed Shah and Uzair J. Kayani, "Treaty in Trouble," *The Dawn*, October 3, 2016, http：//www. dawn. com/news/1287565/treaty-in-trouble.

④ Amir Wasim and Hassan Belal Zaidi, "Violation of Indus Waters Treaty will be an 'Act of War'," *The Dawn*, September 28, 2016, http：//epaper. dawn. com/DetailImage. php? StoryImage = 28_ 09_ 2016_ 003_ 004. "Pakistan Hits back, Warns India over Stopping Water," *The News*, September 27, 2016, https：//www. thenews. com. pk/latest/153052-Pakistan-hits-back-warns-India-over-stopping-water. Anwar Iqbal, "Indus Waters Treaty Model of Peaceful Cooperation, Says US," *The Dawn*, October 3, 2016, http：//www. dawn. com/ news/1287720/indus-waters-treaty-model-of-peaceful-cooperation-says-us.

尽管中国并不情愿，但此次争端却多少牵涉到中国。巴方高官在议会下院即国民议会公开表示，要是印度想中断流入巴基斯坦的河水，那么中国也有理由截断雅鲁藏布江。[①] 更有分析称印方可能会运用水资源来对付中巴经济走廊，而这必将招致中国的反对。[②] 印方的态度也是自相矛盾的。2016 年 9 月下旬有印方人士放风表示中国不是《印度河水条约》的第三方，且中国已在雅鲁藏布江筑坝，[③] 言下之意就是在这一问题上不必顾虑中国的态度。但几天之后的 9 月 30 日，中国对雅鲁藏布江支流夏布曲干流成功截流并进行预定的大坝主体施工，一些印度和美国媒体又毫无依据地猜测此举是在向印施压。[④] 其实，中国在夏布曲的水利建设规划已久，一直在循序推进，不可能随意决定截流时间，上述说法纯属主观臆断。

此次危机颇有分析价值。首先，印方公开将水资源作为施压工具，这是不多见的。这一轮印巴关系危机因克什米尔动荡而起，因印方哨所遇袭而急剧恶化，但本身并未触及水资源问题。将危机升级到水资源领域完全是印方的主动行为。联系到 2016 年 8 月中旬以来莫迪政府一反历届政府之常态，公开对俾路支问题表示关切，可以说，莫迪政府在印巴关系问题上确实是敢想敢

---

① Amir Wasim and Hassan Belal Zaidi, "Violation of Indus Waters Treaty will be an 'Act of War'," *The Dawn*, September 28, 2016, http://epaper.dawn.com/DetailImage.php? StoryImage = 28_09_2016_003_004.

② Sikander Ahmed Shah and Uzair J. Kayani, "Treaty in Trouble," *The Dawn*, October 3, 2016, http://www.dawn.com/news/1287565/treaty-in-trouble.

③ "PM Modi Reviews Indus Water Treaty, Says 'Blood and Water Can't Flow together'," *Times of India*, September 26, 2016, http://timesofindia.indiatimes.com/india/pm-modi-reviews-indus-water-treaty-says-blood-and-water-cant-flow-together/articleshow/54526722.cms.

④ Sutirtho Patranbis, "China Govt Blocks Brahmaputra Tributary, Water Flow may be Hit," *Hindustan Times*, October 2, 2016, http://www.hindustantimes.com/world-news-paper/china-govt-blocks-brahmaputra-tributary-water-flow-may-be-hit/story-Uqlya37019WBiF5UO5VvxH.html.

干，在战略上更为主动。其次，印方态度虽然强硬，但仍然颇富技巧，留有余地。比如，印度政府虽然放任社会上对修约、废约的各种说法，但本身并未表态要废除条约。印方虽决定大幅增加在西部三河的用水量，但并不超过条约所允许的最大值，所以从技术上说，印方仍未违反条约。其实，即使印方要增加用水量，要达到这一目标也需要相当长的时间，进行各种权衡，绝非一朝一夕之功。再次，国际社会对印巴水争端和水危机极为关切，特别是美国国务院发言人在印度表态之后不久就表示"《印度河水条约》成为印巴之间和平合作的典范已超过 50 年"，公开宣布美国"期待并鼓励印巴以对话解决任何争端"。①

最后，废除条约确实是步险棋，后果难以预测，印巴双方都有各种讨论。比如有印度分析人士指出，印方将河水用做武器可能导致各种不测后果：包括在克什米尔引发洪灾；诱使印度国内河流的上游各邦竞相仿效，危害国内稳定；危害巴基斯坦民众利益，激化反印情绪和极端主义；违反国际法，损害印方形象，反为巴方所利用；引起国际社会担忧，破坏印孟关系。② 另有分析指出，印方如废除《印度河水条约》，巴方就可能重新主张东部三河的用水权益，甚至可能终止《西姆拉协定》,③ 两国可能竞

---

① Anwar Iqbal, "Indus Waters Treaty Model of Peaceful Cooperation, Says US," *The Dawn*, October 3, 2016, http://www.dawn.com/news/1287720/indus-waters-treaty-model-of-peaceful-cooperation-says-us.

② Mahadevan Ramaswamy, "Water as Weapon: Risks in Cutting off Indus Waters to Pakistan," *Hindustan Times*, September 29, 2016, http://www.hindustantimes.com/editorials/water-as-weapon-risks-in-cutting-off-indus-waters-to-pakistan/story-kYqjweM43pJlMsm8d3fN7L.html.

③ 1972 年 7 月，印巴两国签署《印度政府和巴基斯坦政府双边关系协定》（一般称为《西姆拉协定》），规定双方尊重停火造成的控制线，要求以双边会晤的和平手段来解决分歧。印度抓住这一条文，坚持认为《协定》已排除了任何第三方介入的合法性。

相退出各种双边协定。这就意味着南亚局势走向全面动荡，不仅两国，整个亚洲的安定都会受到极为严重的不利影响。[①] 或许正是考虑到上述不测风险，双方在整体上仍然保持了必要的克制：印方并未对条约采取实质性破坏行动，而巴方的激烈态度更多表现为一种被动反应，且政府态度仍留有余地。

总的说来，印巴在水争端方面给世人提供了相互矛盾的启迪。两国在解决水争端方面不乏成功的先例，近年来的水争端及其解决也不无可取之处，从这一角度来看，对印巴水争端的发展前景似不必过于悲观。需要指出的是，在印巴水争端中，巴基斯坦高度依赖印度河水，东部三河和西部三河的上游都要流经印控区，故巴方无论是在地理上还是心理上均处于不利地位，往往表现得更为敏感乃至悲观，甚至印方若干人士公开谈论修改《印度河水条约》就足以严重刺激巴方。有鉴于此，目前的印巴水争端应存在较大程度的夸张。如果两国当局能从人民福祉出发，认真研讨解决争端、促进合作的可持续发展之道，印度河流域的可持续开发仍然是可以期待的。应该指出，水冲突是把双刃剑，既可能激化国家之间的冲突，也可能倒逼双方放下分歧、进行合作。印巴水争端的未来走向取决于一系列复杂因素的互动，但首要的决定性因素仍然是两国政治家的远见与诚意。

二、印孟水争端

孟加拉国水资源对外（主要是对印）依存度高达 91.44%，[②]

---

① Sikander Ahmed Shah and Uzair J. Kayani, "Treaty in Trouble," *The Dawn*, October 3, 2016, http：//www.dawn.com/news/1287565/treaty-in-trouble.

② *Bangladesh Factsheet*, Global Information System on Water and Agriculture, http：//www.fao.org/nr/water/aquastat/data/wrs/readPdf.html? f = BGD-WRS_ eng.pdf.

其生命线系于从印度境内流入的恒河（孟境内称帕德玛河，Pad-ma）、布拉马普特拉河（孟境内称贾木纳河，Jamuna）和梅格纳河（Meghna）。印孟两国存在复杂的水争端，其起源可追溯到 20世纪 50 年代，实际上是当时印巴争端的一部分。1947 年印巴分治，原东孟加拉加入巴基斯坦，称东巴基斯坦，简称"东巴"。印巴从分治之初就冲突不断，分治才两个月就爆发了第一次印巴战争，此后也是长期交恶，相互敌视。20 世纪 50 年代，印度开始考虑在恒河下游靠近东巴基斯坦的法拉卡（Farraka）修建大坝，计划引水冲刷流经加尔各答的胡格利河，解决其淤塞问题，提升加尔各答港运营能力。外界普遍认为，此举其实是想利用印度作为恒河上游国的有利形势来制约巴基斯坦，这一水坝对印度水利开发的直接作用反倒极为有限，即便在印度也有水利专家认为大坝并不是个好主意：筑坝分流获得的水资源既不能灌溉农田，也无法发电，只能冲刷河道，而数据测算表明这完全不足以解决胡格利河淤塞问题，可谓劳民伤财，效益低下。尽管有这些不同意见，印度仍不顾巴方反对而在 1961 年开工建设法拉卡水坝，[①] 两国此后一直保持沟通，但始终未能达成一致。

法拉卡大坝建设在 1971 年前后进入最后阶段，而孟加拉国也在 1971 年末宣布独立，大坝问题随即从印巴间问题突然变成印孟之间的问题。此时，印度建设法拉卡大坝的动因也发生了变化，从制约巴基斯坦变为增加国内对恒河水资源的利用力度，更全面地掌握恒河水资源。虽然独立之初的孟加拉国与印度关系极为密切，但运行在即的法拉卡大坝很可能大幅减少流入孟境内的恒河水量，导致河流含盐量增加，令孟农业减产，航运受损，孟

---

① 芈岚：《尼泊尔、印度水资源政治关系研究》，中国财政经济出版社 2014 年版，第 146—152 页。

方实在无法视而不见，遂积极与印方磋商，谋求解决之道。1974
年5月16日，印孟两国总理发表联合声明，宣布在工程完工前，
双方将"针对恒河水流量最小时期制订出双方都能接受的水资源
划拨方案"。同年7月，印度在印孟部长级会晤中重申，大坝将
在达成双方均接受的解决方案之后再投入使用。孟对印度的上述
表态颇为满意，比较放心。然而印方不久后突然单方面宣布，计
划在即将到来的缺水高峰期将恒河水分流，用于测试大坝运转情
况。孟对此极为震惊，严重不满。1975年4月15日，两国在孟
加拉国首都达卡举行部长级会晤，孟方批评印方违反了两国总理
的联合声明，印方称此举只是测试大坝运转情况，并不违反两国
共识。万般无奈的孟加拉国被迫于同月18日同意印方安排，希
望为后续磋商留有余地。孰料印方继续搁置恒河水资源共享的问
题，继续单方面从恒河上游取水，导致孟加拉国水量大减。孟加
拉国别无良策，被迫将争端提交伊斯兰国家外长会议、不结盟国
家首脑会议和第31届联合国大会讨论，得到普遍同情。1976年
11月16日，印度迫于压力承认"局势紧迫"，宣布将"在达卡举行
部长级紧急会晤，以达成公正而迅速的解决方案"。次月，两国开始
就恒河水资源共享问题进行谈判，印方提议双方各享有50%的水量。
孟表示拒绝，因为孟从古至今一直不受限制地使用恒河水，此前从
未受过人为干涉；恒河对印度虽极为重要，对孟加拉国却是生死攸
关的问题。同样重要的是，孟所面临的水问题有强烈的季节性，旱
季严重缺水，雨季又往往暴雨洪水成灾。孟方提出的反建议是，印
方保障在每年旱季的峰期将法拉卡处最少流量的70%—80%（约
5500立方米/秒）划拨给孟加拉国，但印方表示拒绝。[1] 两国为此僵

---

① 芈岚：《尼泊尔、印度水资源政治关系研究》，中国财政经济出版社2014年
版，第146—152页。

持不下，纠葛多年，经过多轮磋商才终于在 1996 年签署有效期 30 年的《恒河水分享条约》，较为稳妥地暂时确定了恒河水分配方案。条约条文虽较复杂，但其基本精神还是清楚的，即在旱期基本平分恒河水资源，根据水量允许一定的波动，同时要保证孟用水有一定的最低保障。①

　　然而，二十余年的严重水争端并不能通过一纸条约彻底解决，两国对条约的执行仍有分歧，主要是孟方认为印度未充分履行条约义务，长期扣减孟所应享有的水量；另有观点认为条约以 1948—1988 年 40 年间在法拉卡处测得水量的平均值为基点，但印方 40 年间在上游大量取水已令法拉卡处水量大幅下降，基础数据下降造成不利于孟的严重后果。值得注意的是，《恒河水分享条约》的 30 年有效期已过 2/3，两国必须在 10 年内即 2026 年前就恒河水资源分配再次做出安排，这很可能激活双方对原有安排心存不满的势力，促使两国围绕新的条约安排展开博弈。

　　印孟之间的提斯塔河水争端同样颇为棘手。提斯塔河发源于喜马拉雅山，流经印辖境后在孟加拉国汇入布拉马普特拉河。印孟早在 1974 年就开始围绕提斯塔河水资源分配进行谈判，但进

---

　　① 《恒河水分享条约》全文共 12 条，主要分配原则有如下 5 条：（1）当流经法拉卡水坝的恒河水总流量超过每秒 75 万立方英尺（2122.5 立方米）时，印方可以分得每秒 4 万立方英尺（1132 立米）河水；（2）当总流量在每秒 7 万立方英尺（1981 立米）至 7.5 万立方英尺时，孟方可分享每秒 3.7 万立方英尺（1047.1 立方米）河水，其余部分即 3.3 万至 3.8 万立方英尺的河水归印方使用；（3）当总流量为每秒 7 万立方英尺时，印孟将各得 3.5 万立方英尺（990.5 立方米）；（4）当总流量低于每秒 7 万立方英尺时，双方将按以每 10 天为一周期的原则轮流分享每秒 3.5 万立方英尺的最低限度的河水流量；（5）当总流量降至 5 万立方英尺（1415 立方米）以下时，印孟政府将进行紧急磋商并对河水分配原则做出调整。此外，当双方不能达成协议时，印方必须按 1949—1988 年间孟方所实得旱季河水流量的 90% 向孟方提供河水。见叶正佳："印孟恒河水分享条约与高达政府的南亚政策"，《南亚研究》1997 年第 1 期，第 15—16 页。

展一直不大。1996 年的《恒河水分享条约》促使两国加速解决提斯塔河水资源分配问题，但双方在分水方案上分歧依旧：孟希望与印度平分提斯塔河 80% 的水量，其余 20% 流入大海；印度坚持自己应获得 39% 的水量，孟可获得 36%，剩余的 10% 流入大海，15% 归两国指定地区。2003 年，印方提出，确定分水协议之前应进行科学调研和水文信息调查，这一建议为孟所拒绝，谈判再次陷入僵局。2009 年 10 月，两国外长会谈同意对提斯塔河进行联合水文调查，打破了僵局。2011 年 9 月，印度总理访问孟加拉国，两国就提斯塔河水分配进行了磋商。印度中央政府本已同意分配 48% 的河水给孟加拉国，但印度西孟加拉邦地方政府强烈反对，导致两国最终未能签署协议。[①]

印孟在其他跨界河流上也是矛盾不断。2009 年 6 月，印方表示计划投资 17 亿美元，在东北部曼尼普尔邦的伯拉格河上修筑大坝，坝址距印孟边界不足 100 公里，坝高 164 米，装机容量 1500 兆瓦。孟国内主流观点认为，印度的筑坝计划完全未经下游国家孟加拉国同意，水坝将给孟带来严重生态危机，甚至会导致孟东部地区沙漠化。更有学者担心这一水坝可能成为又一个法拉卡水坝。为了维护自身利益，孟加拉国外长多次向印度大使表达不满，公开表示要"动用一切必要手段来维护国家利益"。[②]印度的反应是，与孟方专家组沟通大坝建设情况，希望以此安抚孟方。2010 年孟总理谢赫·哈西娜访印，2011 年印总理曼·辛格回访，曼·辛格在两次访问期间均强调工程不会对孟造成损害。尽管

---

① 孙现朴："印孟跨界水资源争端及合作前景"，《国际论坛》2013 年第 5 期，第 27 页。

② 王晓苏："不顾孟加拉反对 印度执意修水坝"，《中国能源报》2009 年 8 月 24 日，http://paper.people.com.cn/zgnyb/html/2009－08/24/content_ 327100. htm。

如此，孟朝野依然疑虑颇深，政府、反对党和民间社团抗议不断，两大政党之一的孟加拉国民族主义党（此时是反对党）多次公开要求印度停止建设大坝。① 这一纠纷至今尚未解决。

特别值得注意的是，印度热议的"内河联网计划"已引起孟严重忧虑，因为从印度流入孟境内的 52 条河流中有 51 条将纳入"内河联网计划"，必然严重影响孟用水安全。孟水利部长公开表示"绝不会同意"印方计划，因为孟"工农业及人民生活均依赖这些河流，将河水调走简直无法想象"。② 印度水利国务部长在 2015 年 7 月 13 日表示，将与阿萨姆、西孟加拉和比哈尔三邦磋商推动玛纳斯—桑科斯—提斯塔—恒河联网工程。③ 孟方朝野均反应激烈，孟加拉国政府立即通过外交渠道向印度水利部去信，要求澄清情况，重申"任何从喜马拉雅地区诸河引水的做法都会违反印方对孟加拉国的承诺"。反对党孟加拉国民族主义党国际事务秘书惊呼，这一工程将导致一些流入孟加拉国的河流水量大减。④ 不过直到 2016 年 6 月，孟方仍未得到印度的通报。⑤

需要指出的是，印方虽然不曾与孟加拉国详细讨论相关问题，但确已多次公开表示不会从布拉马普特拉河和提斯塔河引

---

① 孙现朴："印孟跨界水资源争端及合作前景"，《国际论坛》2013 年第 5 期，第 27 页。

② "Concerns over India Rivers Orders," *Kathmandu Post*, April 1, 2012, http：//www. ekantipur. com/the-kathmandu-post/2012/04/01/nation/concerns-over-india-rivers-order/233328. html.

③ "Linking of Ken, Betwa Rivers to Begin by Year-end," *The Tribune*, July 13, 2015, http：//www. tribuneindia. com/news/nation/linking-of-ken-betwa-rivers-to-begin-by-year-end/106174. html.

④ "Bangladesh Expresses Concern about India's River-linking Plan," Xinhua News online, July 25, 2015, http：//news. xinhuanet. com/english/2015 － 07/25/c _ 134445734. htm.

⑤ "India Set to Start Interlinking Rivers," *New Age*, June 22, 2016, http：//new-agebd. net/236920/india-set-start-interlinking-rivers/.

水，不过孟对此并不信服。孟方的深切疑虑不难理解，因为恒河流域的水资源开发利用程度已经很高，实在难以腾出巨大水量调配到其他地区，逻辑上顺理成章的自然就是从布拉马普特拉河和提斯塔河等尚未充分开发的河流大规模引水，否则整个"内河联网计划"只能大打折扣甚至名存实亡，这是难以想象的。更何况，在印孟关系中，印方并不缺乏采取单方面行动的历史记录。

印方一些颇有影响的势力主张将水资源问题与孟在安全问题上是否充分配合印相互联系起来：鉴于孟加拉国现政府在各种问题上较为配合印度，印度可更多地照顾孟方意见。[1] 这实际上也意味着，如果孟在各种问题特别是安全问题上不够配合，印度的态度就会转为强硬。然而，水资源问题是孟整个国家而非某一政党的问题，印度将水资源与孟对外政策挂钩实际上是在干涉孟加拉国内政，很可能令问题进一步复杂化。

印方对孟方也有担忧。孟加拉国位于下游，在跨境河流问题上无法采取单边行动，但孟对跨境河流问题极为敏感，历史上多次在各种国际场合激烈抨击印，一度对印构成较大外交压力。另外，孟加拉国地狭人多，生态环境相当脆弱，严重缺水很可能迫使大批孟加拉人进入印度境内避难，形成大规模的生态难民潮。这将加剧两国已有的移民争端，甚至可能令印度东北地区安全形势进一步恶化。[2]

---

[1] IDSA Task Force, *Water Security for India：The External Dynamics*, New Delhi：Institute of Defense and Analysis, September, 2010, p. 57. 有研究人员更为直言不讳地表示，"印度应运用其作为上游国家的有利地位来维护其他利益，特别是安全利益"。Uttam Kumar Sinha, *Riverine Neighbourhood：Hydro-politics in South Asia*, New Delhi：Pentagon Press, 2016, p. 151。

[2] 印度东北地区有大批孟加拉非法移民，当地反孟加拉人情绪严重，驱逐孟加拉移民是当地反政府武装的主要诉求之一。

三、尼印水争端

尼泊尔位于喜马拉雅山南侧，水资源极为丰富：资源量占世界总量的 2.27%，境内有 6000 多条河流，年均径流量 2000 亿立方米，主要分为三大水系，分别是西部的卡尔纳利河水系、中部的甘达基河水系和东部的科西河水系。尼国土狭长，东西长、南北短；地势北高南低，境内大河皆流入印度境内。尼泊尔北为喜马拉雅高山区，南接印度北部大平原，落差巨大，水电潜能极为可观。据估算，在理想状态下，尼向印出口水电每年可盈利80 亿美元。

尼泊尔的水资源开发不仅是内政问题，更是重要的外交与国家安全问题。尼国力弱小，资金技术匮乏，水利开发长期严重依赖对外特别是对印合作。[1] 从表面上看，尼泊尔水资源极为丰富，远超本国所需，印度完全不必担忧尼泊尔会与自己争水。尼印两国电力缺口都很大，而尼泊尔水电蕴藏量巨大，印帮助尼开发水电资源，再从尼回购电力，可形成非常理想、互利共赢的水利水电合作。然而现实是，尽管两国历史上签订有多个涉水国际条约，现实中也有若干水利开发特别是水电开发合作，但涉水争端始终不断，两方都颇有怨言。与印巴、印孟水争端不同的是，尼印水争端的核心不在于分水问题，而在于水利水电建设和防洪工程的风险/成本分担及收益分享问题。

尼泊尔方面普遍认为尼印两国不是平等的合作关系，很多人将 1927 年的萨拉达大坝、1954 年的《科西河协定》、1959 年的《甘达基河协议》、1991 年的《塔纳柯普尔协定》和 1996 年的

---

① IDSA Task Force, *Water Security for India: The External Dynamics*, New Delhi: Institute of Defense and Analysis, September, 2010, p. 59.

《马哈卡利条约》等视为不平等条约。[1] 尼泊尔具有代表性的观点认为，印方采取高压态度，令尼印水利"合作"完全服务于印方利益，并未充分顾及尼方利益。例如，尼印边境地区和尼境内的水利建设需占用尼大片国土特别是耕地，对高山之国尼泊尔来说，耕地是稀缺资源，水资源则不是。又比如，20 世纪 50 年代签署的《科西河协定》对尼方利益考虑很少，甚至印度前水利部秘书也坦承这一协议实际上是印方为满足自身需求而做的构想，对尼方利益不过是兼顾而已。[2] 2008 年 8 月，尼境内的科西河大坝决堤，造成尼、印两国两百万余人受灾。尼方认为自己在大坝管理之中无足重轻，甚至洪水来临之际也无法开闸泄洪，[3] 对印方极为不满。尼国内对国家的水利开发模式也有不同看法，越来越多的人认为，拦河筑坝—水力发电—对外售电为核心的开发模式或许并不适合尼泊尔地震频繁、农田紧缺的基本国情，未来应调整水利开发模式，给予中小型灌溉工程建设更多扶持。[4] 尼还担心印在边境地区拦河筑坝将在尼边境地区造成洪灾，对印度拟议的"内河联网计划"极为担忧，因为这一计划在喜马拉雅地区规划了 14 条联网线路，其中有 5 条直接影响到尼泊尔。[5]

　　印度对尼泊尔也有各种不满，认为尼方没有合作诚意，尼政

① IDSA Task Force, *Water Security for India：The External Dynamics*, New Delhi：Institute of Defense and Analysis, September, 2010, p. 58.

② Ramaswamy R. Iyer, "Water in India-Nepal Relations," *The Hindu*, September 17, 2008, http：//www. thehindu. com/todays-paper/tp-opinion/water-in-indianepal-relations/article1339701. ece.

③ 李敏："尼泊尔—印度水资源争端的缘起及合作前景"，《南亚研究》2011 年第 4 期，第 83 页。

④ 芈岚：《尼泊尔、印度水资源政治关系研究》，中国财政经济出版社 2014 年版，第 304—305 页。

⑤ IDSA Task Force, *Water Security for India：The External Dynamics*, New Delhi：Institute of Defense and Analysis, September, 2010, pp. 58 – 62.

局动荡导致政府无力有效执行合作协议。还有观点指责尼管控国内河流不力，甚至妨碍印方在尼境内维护工程，应为印境内比哈尔邦洪水频发承担责任。[1]

观察尼印两国几十年的涉水互动可发现，尼泊尔虽享有上游优势，但与印度国力差别实在是过于悬殊，故其在两国水利合作中不仅无法占据主导地位，反倒严重受制于印方。印度一直强烈反对尼泊尔与其他国家开展水利开发合作，唯恐动摇其全方位主导地位。1950 年的尼印《和平友好条约》规定，在开发自然资源而寻求外国援助时，尼泊尔应首先考虑印度政府或印度公民。1990 年，印度又推出一份《双边合作协议》草案，规定尼印双方的水利水电项目和计划应服务于双方的利益；第三方介入必须考虑到双方的利益，必须征得双方同意。[2] 显然，此处所谓的"双方利益"和"双方同意"完全就是"印方利益"和"印方同意"的代名词。2014 年中，印度向尼泊尔提议签署一份新的水利合作协定，内称"印度政府将促进印方有兴趣的机构采购超过尼方用电量的超额电力，尼泊尔政府将促进其销售"。"双方应合作开发尼泊尔的水电潜力，迅速在尼建设水电项目，项目由印度 100% 投资或由双方机构联合投资"。协定继续给予印度在尼泊尔水电开发方面的优先权，引起尼方巨大反感，尼前水利部长甚至将此称为"对尼泊尔的侮辱"。[3]

印度还多次阻挠尼泊尔参与多边水利合作。孟加拉国早年曾

---

[1]　IDSA Task Force, *Water Security for India*: *The External Dynamics*, New Delhi: Institute of Defense and Analysis, September, 2010, p. 59.

[2]　李敏："尼泊尔—印度水资源争端的缘起及合作前景"，《南亚研究》2011 年第 4 期，第 86 页。

[3]　"How to Misunderstand Each Other," *The Indian Express*, July 26, 2014, http://indianexpress.com/article/opinion/op_eds/how-to-misunderstand-each-other/.

建议将尼泊尔纳入印孟水资源谈判，建议在尼境内建设水利设施来缓解印孟两国在旱季的水资源危机，生产的水电可由三国共用。但印方态度消极，称尼境内储水并不足以供印孟两国使用。1983 年，孟方又提出可增加坝高来增加储水，但印方坚称尼方有自己的用水计划，不能满足孟方需求。印度还明确表示，即使尼境内水坝建成，多余的河水也只能满足尼印两国需求，不会分给孟加拉国。[①] 印方强烈抵制多边涉水磋商，主要是不希望其他国家在涉水问题上联合起来，对印度构成更大压力。应该说，印度这一地区大国的强烈抵制态度对本地区水资源多边合作产生了很不利的影响，是地区合作难以开展的最重要原因之一。

四、中印"水争端"

中国境内有雅鲁藏布江、森格藏布等大河流入印度实际控制区。尽管中方对境内的水利开发采取了审慎且负责任的态度，印方仍表现出不理性的戒备心理，政府多次就中国西藏的水利开发等问题向中方表示所谓关切，智库和媒体更是大谈中国利用水资源制衡印度、中国"非法剥夺"印度生命之源等不实信息，[②] 印度国内和西方有些观点还不负责任地鼓噪中印水冲突论，大谈印度如何占得先机。[③] 相对于与巴、孟、尼三国的争

---

① 孙现朴："印孟跨界水资源争端及合作前景"，《国际论坛》2013 年第 5 期，第 28 页。

② P. Stobdan, "China Should not Use Water as a Threat Multiplier," IDSA Comment, October 23, 2009, http://www.idsa.in/idsastrategiccomments/Chinashouldnotusewaterasathreatmultiplier_ PStobdan_ 231009.

③ Mark Christopher, *Water Wars: The Brahmaputra River and Sino-Indian Relations*, Newport, RI: US Naval War College, Center on Irregular Warfare and Armed Groups, 2013. IDSA Task Force, *Water Security for India: The External Dynamics*, New Delhi: Institute of Defense and Analysis, September, 2010, pp. 44 – 51.

端，印方与中国的"水争端"仍处于"潜伏"状态，尽管印民间已有人将其视为中印关系的最重要问题之一，印官方的态度仍较为审慎。然而，考虑到两国的巨大国力和中印关系的复杂性，这一潜流的影响力并不小于印巴水争端，远大于印孟或尼印水争端，仍需持续关注。第四章将详细讨论这一问题，故此处从略。

第三节 ▏恶化国内水争端，激起国内水冲突 ▏

在印度各邦之间、各邦内部、上下游之间、工农业之间，普遍存在长期、复杂乃至激烈的水争端，以至于印度财政部长奇丹巴拉姆极为无奈地表示："饮用水、灌溉水和工业用水的用户间正在进行若干场'小规模内战'。"[①] 水利部长甚至公开抱怨自己"简直不是水利部长，而是水冲突部长"。[②]

印度的国内水争端大致可分为水分配争端、水工程争端、水污染争端三种基本类型，三者往往相互交织，令局势更为复杂。影响较大的水分配争端，如北方的朱木拿河水争端、南方的克里希纳河水争端、高韦里河水争端等，均不同程度地涉及各种水利工程，甚至本身就是水利工程诱发的。可以说，在印度，任何大型水利工程都可能导致不同程度的邦际争端或邦内争端，这也是印度水利工程建设往往不尽如人意的主因之一。有报告认为印度

---

① Gargi Parsai，"Water Ministry Seeks World Bank Funding for Reforms，" *The Hin-du*，January 14，2005，http：//www. hindu. com/2005/01/14/stories/20050114038712 00. htm.

② World Bank，*India's Water Economy：Bracing for a Turbulent Future*，Washington，DC：World Bank，2005，p. 23.

已有80％的地表水体受污染，[①] 各邦却难以有效合作治污。下游地区指责上游造成了污染，但它们同样受到更下游地区的强烈指责。如德里经常抱怨上游的水污染危害其安全供水，甚至导致其水厂1/3的产能闲置；而更下游地区同样抱怨德里放任污水流入朱木拿河，令其无法充分利用河水，反而要投入大笔资金治污，坚决要求德里承担在当地新建一所污水处理厂的全部费用。[②] 以下试对影响较大的若干印度国内水争端做一分析。

一、德里供水争端

北方的哈利亚纳、德里和北方邦三地水分配争议频发，焦点是德里的供水保障问题。德里与北方邦供水冲突频现。德里方面曾公开表示，北方邦必定会向德里一新建水厂供水；北方邦先是指责德里事先未征得其同意，次年更公开宣称"供北方邦西部地区农民使用的水资源不会转让给德里"。

德里与朱木拿河上游的哈里亚纳争端更为严重，其焦点是穆纳克运河问题。穆纳克运河（Munak Canal）长102公里，1996年签订备忘录，2003年开工，原定2006年完工，但先后推迟工期至2008年10月、2009年7月、2009年10月，直到2013年才完工。[③] 运河以混凝土加固防渗取代原来的未加固运河，除继

---

① Sushmi Dey, "80％ of India's Surface Water may be Polluted, Report by International Body Says," *Times of India*, June 28, 2015, http：//timesofindia. indiatimes. com/home/environment/pollution/80-of-Indias-surface-water-may-be-pouuted-report-by-international-body-says/articlesshow/47848532. cms.

② Dipak Kumar Dash, "Haryana Blames Delhi for Polluting Yamuna Water," *The Times of India*, February 7, 2011, http：//timesofindia. indiatimes. com/city/delhi/Haryana-blames-Delhi-for-polluting-Yamuna-water/articleshow/7447815. cms.

③ Mauice Joshi and Ritam Halder, "Canal that Quenches Delhi's Thirst," *Hindustan Times*, June 18, 2015.

续保障向德里提供 20.36 立方米每秒（719 立方英尺每秒）的流量之外，还可大幅降低渗透和蒸发造成的水损失。德里和哈利亚纳分歧严重，导致工程 2013 年完工后迟迟没有投入使用。德里方面非常着急，寻求中央政府干预。哈利亚纳方面也毫不示弱，异常强硬地表示"穆纳克运河不是争议，而是德里自己造成的问题"。① 2014 年 11 月 27 日，德里高等法院裁定哈利亚纳通过运河向德里供水，数额为 20.36 立方米每秒，同时也声明这一临时裁定只涉及供水问题，不涉及二者如何解决其水争端。② 哈利亚纳则认定德里高等法院无权处理这一邦际争端。尽管如此，这一工程仍在其后投入了运行，成为德里的最重要水源，其供水量为每天 246.9 万立方米（5.43 亿加仑），占德里用水量的 60%〔另 40% 分别是地下水（25% 和朱木拿河直接供水（15%）〕。③

德里与哈利亚纳围绕运河问题的争议主要涉及两点。首先，德里认为自己提供大额补贴（40 亿卢比左右），帮助将运河改造为混凝土河床，减少了渗漏，节约下来的水资源（每天 36.37 万立方米或 8000 万加仑）理应归自己所有；哈利亚纳认为自己一直向德里足额供水，不应再增加供水，还公开表示首都的用水一直在增加，不应要求哈利亚纳一方承担责任。其次，哈利亚纳要

---

① "Munak Canal Dispute to Be Resolved Soon: Centre," *The Hindu*, July 20, 2014, http://www.thehindu.com/news/cities/Delhi/munak-canal-dispute-to-be-resolved-soon-centre/article6229268.ece.

② "Supply Water to Delhi through Munak Canal: HC to Haryana," *The Hindu*, November 28, 2014, http://www.thehindu.com/todays-paper/tp-national/tp-newdelhi/supply-water-to-delhi-through-munak-canal-hc-to-haryana/article6641942.ece.

③ "Jat Stir Damage to Munak Canal Highlights Delhi's Water Vulnerability," *Hindustan Times*, February 23, 2016, http://www.hindustantimes.com/delhi/jat-stir-damage-to-munak-canal-highlights-delhi-s-water-vulnerability/story-I2Zo5ORKFluPdjeJAAvctO.html.

求德里终止从运河再度引水至其他地方的做法，德里称自己已改正，但哈利亚纳并不信服。①

德里与哈利亚纳的供水争端有时候还会牵涉到第三方，令局势更为复杂。2007 年，哈利亚纳谎称上游的旁遮普邦未向其足量供水，令其无法足额向德里供水，时间长达两个月。这一情况造成德里若干水厂一半产能闲置，大片地区长期断水。但旁遮普邦公布的文件证明其已向哈利亚纳足额供水。分析认为，哈利亚纳此举是为了增加本邦的蓄水量。

北方邦和哈利亚纳地方政治局势不时波及德里的用水安全。北方邦一群抗议者曾切断通往首都的输水渠，导致德里东部和南部若干居民点严重缺水，只得靠付费水车度日，迫使政府在输水渠部署快速反应部队来避免类似事件再次发生。② 2016 年初，哈利亚纳邦的种姓抗议事件殃及供应首都德里 60% 用水的穆纳克运河。③ 中央政府紧急干预，派遣约 2000 人专门负责守卫穆纳克运河，恢复其供水能力，经过 10—15 天才分阶段逐步恢复正常。④

---

① Mauica Joshi and Ritam Halder, "Canal that Quenches Delhi's Thirst", *Hindustan Times*, June 18, 2015.

② Rumi Aijaz, "Water Crisis in Delhi," *Seminar*, No. 626, October, 2011, pp. 44 – 45, "Water Politics May Leave Delhi Thirsty," *Business Standard*, 27, February 2006.

③ "India Caste Unrest: Ten million without Water in Delhi," BBC News, February 22, 2016, http://www.bbc.com/news/world-asia-india-35627819.

④ "CRPF Saves Delhi's Water Supply: 2, 000 – strong Platoon Rushed in to Secure Munak Canal Damaged by Jat Protesters," *Daily Mail Online*, February 22, 2016, http://www.dailymail.co.uk/indiahome/article-3458973/CRPF-saves-Delhi-s-water-supply-2-000-strong-platoon-rushed-secure-Munak-canal-damaged-Jat-protesters.html.

二、旁遮普水争端

旁遮普水资源争端持续数十年，牵动了国际、邦际、邦内等各种因素，称得上印度最复杂的水争端。严格说来，旁遮普水资源争端涉及三个层面。首先是印巴之争。河网密布的旁遮普地区本为英属印度的农业重镇，印巴分治将旁遮普一分为二，分别是印度的旁遮普邦和巴基斯坦的旁遮普省，水网也被迫在印巴之间划分为二（详见前节）。

其次是旁遮普—拉贾斯坦水争端。在解决印巴水争端的过程中，印方为了提高要价能力，匆忙提出拉贾斯坦运河计划，声称为了改造开发干旱的拉贾斯坦地区，计划从旁遮普向拉贾斯坦调水。拉贾斯坦从此一口咬定必须执行引水计划，旁遮普则激烈反对。在中央政府直接干预之下，印度从 20 世纪 70 年代开始建设英·甘地运河工程，从旁遮普引水到拉贾斯坦，开启了两邦持续数十年的水争端。

最后是旁遮普—哈利亚纳之争，这也是旁遮普水争端中最复杂、最严重的部分。印巴分治后，旁遮普邦内部又发生了严重政治争端，该邦聚居的锡克人强烈要求单独建邦。经过反复博弈，印度于 1966 年 11 月重划原旁遮普邦：东部以印度教徒为主的地区另划为哈利亚纳邦，恒河支流朱木拿河流经该邦；西部以锡克人为主的地区仍称旁遮普邦，有比亚斯河、拉维河及萨特累季河 3 条印度河支流流过。

自分邦之日起，旁遮普和哈利亚纳两邦就因水资源问题争端不断。就程序而言，旁遮普方面认为，关于分邦的《旁遮普重组法案》第 78 条至 80 条实际上将旁遮普邦水资源的分配权交给了中央政府，违反了印度《宪法》中水资源归各邦管理的大原则，属违宪条款，不具法律效力；这些条款严重歧视旁遮普邦，是对该邦和锡克人的巨大伤害。就水资源分配本身而言，旁遮普坚决主张"按水系分水"的原则，认为自己位于印度河流域，哈利亚纳位于恒河支流的朱木拿河流域，两邦水资源各不相干，应各用其水互不干涉，最多在局部进行某些极为细微的调整。哈利亚纳强调"历史权益"原则，坚称应充分保障该邦在分邦前就享有的用水权益，认为分邦在客观上减少了哈利亚纳境内的河水流量，故必须从旁遮普引水加以补偿。此外，哈利亚纳还认为本邦境内的沙加河（Shagar）属印度河水系，故哈利亚纳也属印度河流域，有权分享该水系的河水。

从旁遮普流过的是《印度河水条约》中称为东部河流的萨特累季河、拉维河和比亚斯河。原旁遮普分邦之前就制订了比亚斯河分水计划，分邦后的哈利亚纳作为原旁遮普邦的继承者之一顺利分得了部分比亚斯河水，未引起争议。但针对其他两条河流的引水计划彻底引爆了两邦争端。1966 年分邦后，哈利亚纳方面不顾旁遮普的强烈反对，制订了"萨特累季—朱木拿联网计划"（Sutlej-Yamuna Link，SYL）。工程全长 214 公里，跨旁遮普和哈利亚纳两邦，完工后将联通印度河与恒河两大水系（两河分别是印度河和恒河的主要支流），据称将形成横跨印度北方的水上交通黄金路线，印度东海岸的船运将得以横跨次大陆，直达阿拉伯海。不过各方都清楚，这一工程的核心并不在于促进航运（所谓联通东西海岸的说法纯属夸张），而是从旁遮普大量调水至哈利亚纳。

1976 年，在中央执政的英·甘地政府通过决议，批准萨特累季—朱木拿联网工程。旁遮普邦政府强烈反对，1977 年起诉至最高法院。1980 年，英·甘地政府通过"总统治理"①搞垮了当时的旁遮普邦政府，扶植国大党在该邦执政。1981 年，该邦的国大党政府从最高法院撤诉，并迅速与哈利亚纳和拉贾斯坦等邦达成分水协议。此事在旁遮普引起很大争议，反对党猛烈攻击，民众也强烈反对，这也成为旁遮普局势严重恶化的又一重要诱因。1982 年 6 月，英·甘地总理在哈利亚纳境内亲自为运河工程开工奠基，矛盾进一步升级。此后几年，旁遮普局势日趋动荡，运河的旁遮普段自然迟迟无法开工。1985 年 7 月，拉·甘地政府与旁遮普当局签订协议，称将不晚于 1986 年 8 月完成运河建设，但同样毫无进展。直到现在，旁遮普仍拒不建设萨特累季—朱木拿联网运河。哈利亚纳方面由此陷入窘境：运河的哈利亚纳段早已完工，却长期无水可调；邦政府还要负担境内运河的巨额维护费用，承受运河占用大片土地的机会成本。无奈之下，哈利亚纳多次要求中央政府干预，还联络其他各邦向旁遮普联合施压。旁遮普方面不仅坚决不同意开工，还公开表示，哈利亚纳如需旁遮普方面供水，就应支付高额水费。哈利亚纳则反唇相讥，反过来要求旁遮普为多年来"非法"扣留哈利亚纳的用水份额做出赔偿。②

2004 年 7 月，旁遮普邦议会通过一项正式决议即《旁遮普废除协定法案》（Punjab Termination of Agreement Act），公开宣布

---

①　根据印度《宪法》第 365 条，当出现邦政府无力履行宪法职责的紧急情况时，该邦将交由中央政府直接治理，中央政府任命的邦长（Governor）将取代民选的首席部长（Chief Minister）来行使政府首脑职权，这就称为"总统治理"（President's Rule）。

②　Ajay Bharadwaj, "Punjab and Haryana Spar over River Water Royalty," *Daily News & Analysis*, June 23, 2010, http://www. dnaindia. com/india/report-punjab-and-haryana-spar-over-river-water-royalty-1400088.

废除所有与旁遮普相关的涉水协定，引发轩然大波。[1] 哈利亚纳
方面的应对措施是，次年立即开工建设一条全长 109 公里、耗资
26 亿卢比的罕其—布塔纳运河（Hansi-Butana），试图绕过旁遮
普，直接从萨特累季河上游位于喜马偕尔邦境内的巴格拉大坝分
水。哈利亚纳还以防洪为由，在本邦靠近旁遮普边界处建造了一
堵坝趾墙。旁遮普针锋相对，表示绝不会同意上述运河和坝趾墙
工程，抨击运河工程于法无据，坝趾墙更会增加旁遮普居民遭洪
水袭击的风险。2004 年 7 月 22 日，印度政府决定就《旁遮普废
除协定法案》的合法性征求最高法院意见，但一直未得到答复。
哈利亚纳也分别向旁遮普和哈利亚纳两邦的高等法院提交诉状，
要求判定《旁遮普废除协定法案》无效，2015 年 2 月又决定起
诉至最高法院。[2] 尽管政界一片批评声浪，但旁遮普当时的执政
党毫不退缩，甚至 10 年之后仍颇为得意地将此作为抨击对手的
政治资本。[3]

　　2015 年初，中央政府水利部向哈利亚纳首席部长保证，将
在 45 天内制定路线图，尽快解决萨特累季—朱木拿运河工程的
问题。旁遮普灌溉部随即针锋相对地表示，已在技术上和法律上
做好准备，不会让哪怕一滴余水流出旁遮普。[4] 2015 年 4 月，中

---

[1]　Chander Suta Dogra, "A Sly Shot on SYL," *Outlook*, July 26, 2004, http://www.outlookindia.com/article.aspx? 224617.

[2]　"Centre 'Conspired' with Punjab on Legislation: Chautala," *Outlook*, July 19, 2004, http://www.outlookindia.com/news/article/centre-conspired-with-punjab-on-legislation-chautala/236458.

[3]　"Congress Warns NDA Against 'Robbing' Punjab Water," NDTV website, April 3, 2015, http://www.ndtv.com/india-news/congress-warns-nda-against-robbing-punjab-water-751 850.

[4]　"Will Counter Claim on State's Water: Minister," *The Tribune*, April 4, 2015, http://www.tribuneindia.com/news/punjab/will-counter-claim-on-state-s-water-minister/62 700.html.

央政府内政部长拉杰纳特·辛格（Rajnath Singh）出面在喜马偕尔邦召开会议。哈利亚纳邦首席部长在会上要求尽快完成萨特累季—朱木拿运河，敦促中央政府催促最高法院尽快就 2004 年《旁遮普废除协定法案》回复咨询意见。旁遮普则再次强调，哈利亚纳不是流域邦，无权要求分水。① 旁遮普还一再重申，本邦已处于缺水状态，绝不可能再将水资源分予任何邦。其实，旁遮普首席部长早已极为强硬地公开表示，本邦一滴多余的水也没有。旁遮普灌溉部长更是将分水和运河工程称为"灾难"，称河道联网工程会将旁遮普沃野变为一片荒原。② 国大党旁遮普邦负责人、旁遮普前首席部长公开宣称，中央政府的做法将导致法律与秩序问题，指责"中央政府无权就这一问题表态，因为这一案件已由法院受理"，呼吁"千万不要打开潘多拉的盒子，因为这可能会把旁遮普变成火药桶"，称"局势可能超过任何人的控制能力"，还指名道姓地要求"莫迪总理、班达尔首席部长以及巴尔提水利部长不要玩火"。③

三、克里希纳—戈达瓦里河水争端

马哈拉施特拉、卡纳塔克和原安得拉邦（现已分为特仑甘纳和安得拉两邦）之间的克里希纳—戈达瓦里河水资源争端已有 50 年以上的历史，1969 年为此设立了两个仲裁庭，分别于 1976

---

① "Haryana, Punjab Clash over Water Again," *The Tribune*, April 26, 2015, http://www.tribuneindia.com/news/nation/haryana-punjab-clash-over-water-again/72328.html.

② "Will Counter Claim on State's Water: Minister," *The Tribune*, April 4, 2015, http://www.tribuneindia.com/news/punjab/will-counter-claim-on-state-s-water-minister/62700.html.

③ "Punjab Losing River Water could Cause Law and Order Problem: Capt Vibhor Mohan," *Times of India*, April 3, 2015, http://timesofindia.indiatimes.com/city/chandigarh/Punjab-losing-river-water-could-cause-law-and-order-problem-Capt/articleshow/46791338.cms.

年和 1979 年就克里希纳河争端和戈达瓦里河争端做出裁决，此后相关各方继续进行磋商并达成一致，同意按流域划分用水权。[①]虽然一般认为这两个仲裁庭是较为成功的，但一两次仲裁并不能解决所有争议，各方后续争议仍然不断。中游的卡纳塔克邦计划增高阿拉曼提（Alamatti）大坝（从 519 米提至 524.25 米）的计划甫一提出就遭下游的安得拉邦的激烈反对，后者坚称该计划必将缩减该邦境内两个已有水利工程的蓄水量。[②]正当两邦吵得难分难解之时，上游的马哈拉施特拉邦突然宣布将增加本邦境内的蓄水量。中下游的卡纳塔克、安得拉两邦立即放下争端，联合抵制马邦的上述计划。

四、高韦里河水争端

印度南方高韦里河的百年争端是印度邦际水争端的另一生动事例。争端的缘起要追溯到英印帝国时代。位于该河下游的马德拉斯管区较早开发利用其水资源，上游的迈索尔土邦 19 世纪末也开始兴建大坝，由此引发马德拉斯激烈反对。双方在 1892 年签署协议，规定迈索尔已建水坝可维持原状，不过今后不得新建任何大坝。但迈索尔并未守约，后来又规划兴建另一大坝，争端再次爆发。双方于 1924 年签署第二个协议，有效期 50 年，允许双方在各自境内再建一座大坝，还就水利开发做出妥协安排。协议 1974 年到期后，涉事双方均决定不再续约，因为双方用水量均已剧增，都想争取更有利的新安排。马

---

① Alan Richards and Nirvikar Singh, *Inter State Water Disputes in India: Institutions and Policies* (October 2001). UCSC Department of Economics Working Paper No. 503, p. 8, http://ssrn.com/abstract = 289997 or http://dx. doi. org/10. 2139/ssrn. 289997.

② N. Shantha Mohan and Salien Routary, "Resolving Inter-state Water Sharing Disputes," *Seminar*, No. 626, October, 2011, p. 33.

德拉斯的继承者泰米尔纳杜表示自己开发高韦里河水利在先，故有权优先用水；迈索尔的继承者卡纳塔克坚称自己位于上游，理应优先用水。

为解决分歧，两邦在 1968—1990 年间举行了 26 次会晤，但始终不能取得一致。[①] 据分析，双方长期僵持不下的原因有四个。首先是卡纳塔克希望拖延争端，以便争取时间来完成已开工的水利工程建设。其次是水争端已高度政治化，两邦政府均受政党政治严重制约，难以做出实质性妥协。再次是这 20 年间的印度政治变动过于频繁，导致各方无力解决争端。据统计，这段时间中央政府换了 8 个总理和 8 个灌溉部长，总理人选来自 4 个不同的政党；泰米尔纳杜换了 4 名首席部长，来自 2 个不同的政党，两次处于"总统治理"状态；卡纳塔克稍好一点，只更换了 3 任首席部长，分别来自 3 个不同的政党。最后是技术专家的作用未得到充分发挥。[②] 其实，双方在 1976 年曾一度同意新的河水分配方案，但次年在泰米尔纳杜上台的民选政府以该邦此前处于"总统治理"，邦政府不能代表民意为由，拒不承认这一方案的决定，[③] 导致 1976 年方案迅速流产。

1990 年，印度设立高韦里河水争端仲裁庭，试图一揽子解决这一漫长争端，但进展并不令人满意。1991 年，高韦里河水争端仲裁庭发布临时指令，卡纳塔克予以拒绝，双方为此争端不

---

① Alan Richards and Nirvikar Singh, *Inter State Water Disputes in India: Institutions and Policies* (October 2001). UCSC Department of Economics Working Paper No. 503, p. 9.

② Alan Richards and Nirvikar Singh, *Inter State Water Disputes in India: Institutions and Policies* (October 2001). UCSC Department of Economics Working Paper No. 503, p. 10.

③ R Radhakrishnan, "Waters of Discord: The Cauvery Dispute," IPCS website, October 31, 2002, http://ipcs.org/article/india/waters-of-discord-the-cauvery-dispute-905.html.

断，民间为此事多次出现骚乱事件。2002 年，高韦里河争端再次在卡纳塔克和泰米尔纳杜引发暴力事件，两邦在 9—10 月间均发生骚乱，超过 30 人受伤，部分抗议者被捕。卡纳塔克的抗议者堵塞了连接邦内两大城市迈索尔和班加罗尔的高速公路。2012 年，数以千计的卡纳塔克农民聚集起来，试图阻止两座水库向泰米尔纳杜供水。迈索尔附近的抗议者堵塞了至班加罗尔的高速公路，焚烧汽车，纵火烧毁当地议员住房（此人曾为向泰米尔纳杜供水辩护）及其亲属与支持者的店铺。附近一公园发生大规模人员聚集事件，近 5000 农民参加，警方释放催泪瓦斯来驱散人群，后者则向警方投掷石块。在高速公路上发生的混战持续 1 小时以上，迫使当局出动 2000 多名警察。另有 1000 余人试图前往水库进行抗议。[①]

经历 17 年的漫长审理，高韦里河水争端仲裁庭于 2007 年做出最终裁决，但当事双方均表示不满，[②] 争端仍在持续，迄今尚未解决。2012 年，最高法院做出判决，要求卡纳塔克执行高韦里河道局的指令，向下游的泰米尔纳杜供水。卡纳塔克甫一供水，邦内各地就爆发严重抗议活动，有些地区甚至出现暴力骚乱，卡纳塔克长途运输公司为规避暴力事件被迫停运多条线路。几天后，卡纳塔克宣称本邦用水已严重不足，水库水位已经过低，"不得不"停止向泰米尔纳杜供水。这一决定在卡纳塔克内部广受欢迎，却引发了泰米尔纳杜的激烈反对，后者将卡纳塔克

---

① "Ryots on the Rampage in Mandya," *The Hindu*, October 31, 2002, http://www. thehindu. com/thehindu/2002/10/31/stories/2002103106680100. htm, "Farmers Go Berserk, MLA's House Attacked," *The Hindu*, October 30, 2002, http://www. thehindu. com/thehindu/2002/10/30/stories/2002103004870400. htm.

② N. Shantha Mohan and Salien Routary, "Resolving Inter-state Water Sharing Disputes," *Seminar*, No. 626, October, 2011, p. 33.

的决定上纲上线到威胁国家统一的地步。泰米尔纳杜地方政党德拉维达进步联盟直接表示，中央政府应解散卡纳塔克邦政府并实施"总统治理"。更极端的观点甚至建议中央政府向卡纳塔克派驻军队来执行法令，或直接接管卡纳塔克境内高韦里河沿岸所有水利设施，以保障向下游的泰米尔纳杜供水。还有人指责卡纳塔克当局煽动民众闹事，然后伪装成迫于"民意"而不得不停止供水。身为卡纳塔克人的印度外长克里希纳为此次争端向总理写信游说，泰米尔纳杜就此提出激烈批评，认为克里希纳身为中央政府高官，理应一碗水端平或至少置身事外，为家乡说话就是不公正的偏袒行为。泰米尔纳杜还反复要求建立常设的高韦里河管理局或理事会，建立永久性的高韦里河监督委员会，希望借此釜底抽薪地剥夺卡纳塔克对高韦里河供水"予取予求"的资本。针对卡纳塔克邦在高韦里河上游修建密基塔库（Mekedatu）水库并向班加罗尔引水的计划，泰米尔纳杜在 2014 年爆发大规模抗议活动，约 1400 人被捕。[1] 2015 年 4 月，泰米尔纳杜首席部长和议会反对党代表团又先后拜会印度总理莫迪，要求其直接干预，阻止卡纳塔克邦修建密基塔库水库。[2]

　　2016 年的季风降雨偏少，卡纳塔克和泰米尔纳杜围绕高韦里河的争端再次爆发。卡纳塔克称本邦生活用水已经不足，实在无法继续向泰米尔纳杜供应农业用水。8 月，泰米尔纳杜将卡纳塔克诉至最高法院。9 月 6 日，最高法院裁决卡纳塔克应保障向

---

[1] Ramalingam Valayapathy, "Thousands of Farmers Protest Karnataka Dam Plan," *Deccan Chronicle*, November 23, 2014, http: //www. deccanchronicle. com/141123/na-tion-current-affairs/article/thousands-farmers-protest-karnataka-dam-plan.

[2] "Tamil Nadu Opposition Seeks PM Modi's Intervention in Mekedatu Reservoir Is-sue," *Economic Times*, April 27, 2015, http: //articles. economictimes. indiatimes. com/ 2015 – 04 –27/news/61578262_ 1_ pm-modi-mekedatu-mullaperiyar-issue.

泰米尔纳杜提供 424.75 立方米每秒（1.5 万立方英尺每秒）的流量，直到 9 月 16 日为止。裁决立即在卡纳塔克引发巨大震荡，各地陆续爆发抗议活动，邦首府班加罗尔出现暴力示威活动，示威者焚烧泰米尔人运营的 30 辆汽车，燃烧轮胎和泰米尔纳杜首席部长画像，公交和地铁被迫停运。邦政府被迫限制集会活动，逮捕 200 余人，2 人在暴力活动中丧生。卡纳塔克邦一面紧急要求最高法院举行听证，一面召开本邦各党会议，谋求良策。[①] 泰米尔纳杜也出现骚乱迹象，一家卡纳塔克人经营的旅店遭捣毁，挂卡纳塔克车牌的车辆遭焚烧。[②] 实际上，每当季风降雨不足，高韦里河用水问题就会再次爆发。气候变化、森林砍伐等因素也在加剧高韦里河用水争端。可以预见，相关争议仍将继续发展，间歇性爆发。

五、泰米尔纳杜—喀拉拉争端

泰米尔纳杜的前身马德拉斯管区曾与喀拉拉邦前身特里凡戈尔土邦签订为期 999 年的租约，租用该土邦境内一块土地建设马拉佩里亚尔大坝（Mullaperiyar Dam），用于灌溉马德拉斯境内的农田。两地围绕条约的公正性、合法性、蓄水量等问题纷争不

---

① "Cauvery Water Dispute LIVE: Section 144 Imposed in Bengaluru after Violent Protests; Govt Appeals for Calm," *The Indian Express*, September 12, 2016, http://indianexpress. com/article/india/india-news-india/cauvery-water-dispute-violence-hits-bengaluru-vehicles-set-ablaze-bus-service-to-tamil-nadu-suspended/. "Cauvery Water Dispute: Top 10 Developments," *The Hindu*, September 12, 2016, http://www. thehindu. com/news/national/cauvery-water-dispute-violence-in-tn-karnataka-top-developments/article9100731. ece? utm _ source = InternalRef&utm_ medium = relatedNews&utm_ campaign = RelatedNews.

② "Cauvery Water Dispute: Partial Relief for Karnataka as SC Modifies Earlier Order," *The Indian Express*, September 12, 2016, http://indianexpress. com/article/india/india-news-india/cauvery-water-dispute-partial-relief-for-karnataka-as-sc-modifies-earlier-order-3026898/.

断。近年来，争执焦点又转移到大坝的安全性上面。2011 年末，喀拉拉邦爆发强烈的抗议运动，抗议者称：这座建于 1886 年的大坝年久失修，有溃决的风险，也无法抵御地震；一旦溃坝，汹涌而下的河水将冲垮下游堤坝，威胁下游 4 个县 300 万人的生命财产安全；要求泰米尔纳杜停用该坝并另建新坝。但泰米尔纳杜态度强硬，坚称该坝 1979 年已大修，现在坚固无恙，"完好如新"，且其蓄水能力并未完全发挥，尚留有余地。泰米尔纳杜还要求喀拉拉当局约束抗议示威活动，以免危害公共秩序。双方的官司打到了中央，两邦领导人先后给总理写信并会见总理本人，要求其进行干预；来自两邦的国会议员甚至因此事在国会内发生冲突。①

六、政治影响

涉水争端往往产生极为严重的政治后果，包括分离主义、分邦主张、社会骚乱、政党斗争和政局动荡等，相关的例子遍布印度各地。分离主义情绪于 20 世纪 70 年代起在旁遮普迅速发展，建立锡克人国家即"卡利斯坦"的主张在 80 年代达到高潮，一度引发当地局势严重动荡，甚至印度总理英·甘地也因此遇刺身亡。如前文所述，旁遮普分离主义与涉及该邦的复杂水资源争端有密切关系。印度南方安得拉邦特伦甘纳地区的单独建邦运动持续数十年，主因之一就是当地对流经境内的克里希纳河和戈达瓦里河的水资源分配长期不满，认为自己身处两大河流的主要汇水

---

① Ashraf Padanna, "Tamil Nadu-Kerala Dam Row Intensifies in India," *BBC News*, November 30, 2011, http://www.bbc.com/news/world-asia-india-15969933. "India's Mullaperiyar Dam 'Safe after Earthquake'," BBC News, January 4, 2012, http://www.bbc.com/news/world-asia-india-16405197.

区，分得的水资源却严重偏低，遭受了"国内殖民主义"的严重剥削。[①]

　　水争端引发社会骚乱的例子不胜枚举。拉贾斯坦邦 2004 年一场严重的涉水冲突造成 4 名农民丧生。事情的原委是：英·甘地运河分两期建设，一期工程完工在先，工程区的农民长期享用工程的全部用水，已形成耗水作物为主的种植结构和相应的生产习惯；二期工程完工后，他们坚决反对与二期工程区的农民分享用水，引发双方激烈对峙。[②] 供水短缺多次在德里引发骚乱：德里东部昆德利（Kondli）地区曾因连续停水 7 天而爆发居民游行，出现阻断道路、破坏车辆的现象；东南部的坎普尔（Khan-pur）和南部的桑格维哈（Sangam Vihar）也曾发生类似事件。[③] 高韦里河争端多次在卡纳塔克和泰米尔纳杜两邦酿成严重骚乱，特别是位于上游但又多次被迫向下游供水的卡纳塔克，多次在首府班加罗尔及沿河水坝附近发生规模上千人的骚乱事件。每当骚乱期间，班加罗尔的泰米尔人聚居区就关门闭户，人人自危，乃至大量外逃避难。

　　印度在 2016 年发生近年来最严重的涉水骚乱事件。该年年初，哈利亚纳邦的贾特（Jat）种姓举行抗议，试图迫使政府满足其在就业和升学领域的保留份额要求。抗议活动迅速升级，抗议者关闭了通往首都的穆纳克运河出水闸门，甚至动用土方机械

---

　　① 笔者 2014 年 3 月 11 日对印度特伦甘纳邦卡卡地亚大学（Kakatiya University）社科学院院长西塔拉马·拉奥（Seetha Rama Rao）教授和该校公共管理与人力资源管理系主任雷迪（M. Vidyasagar Reddy）教授进行了专访。

　　② World Bank, *India's Water Economy: Bracing for a Turbulent Future*, Washington, DC: World Bank, 2005, p. 28.

　　③ Rumi Aijaz, "Water Crisis in Delhi," *Seminar*, No. 626, October, 2011, p. 45.

设备破坏了部分河道，一举切断了德里 60% 的供水，导致德里 6 个水厂被迫关闭，引发了严重的供水危机，严重影响德里上千万人的供水。[1] 迫于无奈的德里政府紧急要求学校停课，生活用水实行配额制，并要求居民节约用水，建议有条件者储水以备不时之需。为了应对危机，德里政府将哈利亚纳告上最高法院，同时呼吁中央政府紧急干预。中央政府不敢掉以轻心，迅速派遣军方和中央后备警察部队上万人入驻哈利亚纳恢复局势，[2] 其中约 2000 人专门负责守卫穆纳克运河，恢复其供水能力，经 10—15 天才分阶段逐步恢复正常。[3] 必须指出，此次切断运河显然是精心策划，蓄意为之，甚至专门运用了大型挖掘设备。这些做法的政治目的很明显，就是要用断水来要挟政府，予取予求。

水争端引发政党斗争的例子同样很多。仍以旁遮普水争端为例。1974 年，英·甘地政府做出有利于哈利亚纳和拉贾斯坦的水分配决定，旁遮普反应激烈，抨击英·甘地此举是为了照顾两邦的国大党政府。1981 年，旁遮普与上述两邦达成协定，而当时在三邦和中央执政的都是国大党，此后旁遮普各界一直抨击国大党一意孤行，为一党之私而置旁遮普广大民众的根本利益于不顾。2004 年，旁遮普决定废除涉水协定，当时在该邦和中央执

---

① "India Caste Unrest: Ten million without Water in Delhi," BBC News, February 22, 2016, http://www.bbc.com/news/world-asia-india-35627819.

② "Army, Paramilitary Repair Haryana's Munak Canal, Bring Relief To Delhi," NDTV website, February 22, 2016, http://www.ndtv.com/india-news/army-paramilitary-repair-haryanas-munak-canal-bring-relief-to-delhi-1280035.

③ "CRPF Saves Delhi's Water Supply: 2, 000-strong Platoon Rushed in to Secure Munak Canal Damaged by Jat Protesters," Daily Mail Online, February 22, 2016, http://www.dailymail.co.uk/indiahome/article – 3458973/CRPF-saves-Delhi-s-water-supply-2-000-strong-platoon-rushed-secure-Munak-canal-damaged-Jat-protesters.html.

政的都是国大党，各界一时都把目光集中到曼·辛格政府身上，想看国大党中央如何应对，是否会偏袒本党，哈利亚纳更是激烈抨击两者相互勾结。① 2015 年 4 月，印度水利部长向哈利亚纳首席部长保证在 45 天内制定路线图来解决旁遮普水争端，舆论立即注意到，在哈利亚纳和中央执政的恰恰都是印度人民党，对中央政府执政党偏袒本党的质疑之声顿起。旁遮普政要直指这是印度人民党劫掠旁遮普河流水资源的大阴谋。② 该邦的国大党势力猛烈抨击政治对手执掌的邦政府"卖邦求荣"，强硬警告"中央的全国民主联盟（印度人民党组建的政党联盟）政府和旁遮普邦的阿卡利党—印度人民党联合政府，国大党会不惜一切代价，决不允许任何人劫掠旁遮普的水资源"。③

更严重的是，水争端经常在印度引发政局动荡。旁遮普邦宣布废除所有涉水协定一事曾引发轩然大波，评论家恰如其分地将此称为曼·辛格政府的首个重大政治危机，甚至认为印度的联邦体制已走到关键节点。④ 一般说来，印度各邦对"总统治理"均有唇亡齿寒之感，但为了在高韦里河争端中对付卡纳塔克，泰米尔纳杜政治势力甚至建议中央政府对卡纳塔克实施"总统治理"乃至派驻军队来确保向泰米尔纳杜供水，甚至由中央接

---

① "Centre 'Conspired' with Punjab on Legislation：Chautala," *Outlook*, July 19, 2004.

② "Will Counter Claim on State's Water：Minister," *The Tribune*, April 4, 2015, http：//www. tribuneindia. com/news/punjab/will-counter-claim-on-state-s-water-minister/ 62700. html.

③ "Punjab Losing River Water could Cause Law and Order Problem：Capt Vibhor Mohan," *Times of India*, April 3, 2015, http：//timesofindia. indiatimes. com/city/chandigarh/Punjab-losing-river-water-could-cause-law-and-order-problem-Capt/articleshow/ 46791338. cms.

④ Chander Suta Dogra, "A Sly Shot on SYL," *Outlook*, July 26, 2004, http：// www. outlookindia. com/article. aspx？224617.

管卡纳塔克沿高韦里河的所有水坝，还不无夸张地表示卡纳塔克拒不供水是在威胁"国家统一"。[①] 卡纳塔克和安得拉邦在20世纪90年代中期围绕阿拉曼提大坝的争端同样淋漓尽致地说明了水争端对政局稳定的巨大冲击力。当时，位于上游的卡纳塔克要求将大坝升高，位于下游的安得拉邦激烈反对。麻烦的是，两邦执政党都是中央政府执政联盟［联合阵线（United Front）］的重要成员，总理德维·高达正是此前的卡纳塔克邦首席部长，联合阵线的召集人恰恰是在任的安得拉邦首席部长。换言之，双方在地方的利益相互矛盾，但在中央联合执政的利益又保持一致。双方均承受着来自本邦的巨大政治压力。安得拉邦首席部长一再为本邦力争，因为各反对党包括国大党、印度人民党都在激烈抨击首席部长活动不力，在其位不谋其政；但争之过力就可能搞垮中央的执政联盟，这又是其不愿看到的。高达总理对争端拒不表态，他在卡纳塔克的支持者极为不满，抨击其"卖邦求荣"；但如被视为偏袒卡纳塔克，外界又会攻击他丧失了中央政府所应有的中立态度，根本不配担任总理。

第四节 ┊ 威胁公众健康 ┊

　　印度1991年一项司法裁决将安全饮水视为印度《宪法》第21条规定的"生存权"的法理衍伸。换言之，饮水安全是印度

---

① Sam Daniel, "DMK Wants Central Rule in Karnataka over Cauvery Water Dispute," NDTV website, October 10, 2012, http: //www. ndtv. com/south/dmk-wants-central-rule-in-karnataka-over-cauvery-water-dispute-501302.

公民的基本权利。① 但在水短缺、水污染、公共供水设施不足三大因素的制约下，饮水问题已成为印度第一大公共健康威胁，较早的统计认为 1998 年全印有 4400 万人受到涉水疾病的影响，② 另有研究认为印度 86% 的疾病同饮水质量有直接或间接关系。③

饮用水危害公共健康的例子举不胜举。1991 年，印度坎普尔发生水源性戊型病毒肝炎（HEV）大流行。随机抽样发现该市患戊肝比例为 3.76%，推算全市有病人 79091 人。两个发病高峰均与水源有直接关系，第一个高峰可能是由于河水被粪便污染，第二个高峰是由于蓄水池消毒用氯处理不当。④ 2011 年，研究人员在新德里居民饮用水中发现多种携带特殊基因的"NDM - 1 超级细菌"，仅新德里就有 50 万人携带此细菌。这些细菌耐药性很强，能抵御几乎所有的抗生素。⑤ 印度城乡均以深井为主要饮用水源，特别是农村有 52.4% 的家庭以深井作为主要饮用水源。⑥ 但地下水安全状况却极为令人忧虑：全印有 19 个邦的 119 个县地下水含氟量超标；西孟加拉邦 8 个县地下水含砷，威胁到 1600 万人的健康；比哈尔邦、恰蒂斯加尔邦和北方邦同样存在

---

① Shawahiq Siddiqui, "Securing Water Commons in Scheduled Areas," *Seminar*, No. 626, October, 2011, p. 36.

② *Irrigation in Southern and Eastern Asia in Figures-India*, Aquastat Survey, 2011, p. 16.

③ Prasenjit Chowdhury, "Mismanagement of Water Resources," *Deccan Herald*, April 18, 2014.

④ 周瑶玺："印度 Kanpur 地区水源性戊型病毒肝炎大流行"，《国外医学》（微生物学分册）1993 年第 4 期，第 182 页。

⑤ 高峰："食品安全的第一道门槛——饮水"，《城镇供水》2013 年第 1 期，第 92 页。

⑥ *Drinking Water, Sanitation, Hygiene and Housing Condition in India*, NSS Report No. 556, July 2014, Indian Ministry of Statistics and Program Implementation website, pp. i, ii, http://mospi.nic.in/Mospi_ New/upload/nss_ rep_ 556_ 14aug14. pdf.

地下水含砷的现象。① 一项基于近 19 年的地下水砷污染的调查表明，恒河—布拉马普特拉平原普遍受到砷污染。近期调查表明，这一地区绝大多数邦的地下水都受到不同程度的砷污染。项目组采集分析了 6 万份生物样品（包括发样、指甲、尿样及皮肤鳞屑等），其中 80% 的样品含砷量超过允许值，很多人由此受到砷的亚临床损害。对该地区 12.5 万人的临床检查表明，9% 的居民患有砷导致的皮肤病。对上述砷暴露地区的 1.9 万名儿童进行检查发现，有近 1100 人患有砷导致的皮肤病损。② 地下水氟化物浓度过高是恒河流域的主要问题，由于使用了氟污染水，约 6200 万印度人患上慢性氟中毒，其中包括 600 万儿童。③ 一般认为瓶装水的卫生状况比较可靠，然而印度的饮料业同样深受水污染之苦，难以独善其身：在印度 17 个主要品牌瓶装水中，平均农药残留物含量超标 36.4%，最严重者超出国际标准 104 倍；甚至可口可乐公司生产的 KINLEY 瓶装水也有 DDT、林丹、毒死蜱等农药残留物。④

　　因水致病还有两种间接途径。一是长期接触污水。印度有种特殊的民俗，即在天然河湖特别是诸如恒河之类的圣河圣湖沐浴甚至直接饮用其水，全然不顾河湖水是否清洁卫生。由于水质恶劣，很多虔诚的印度教徒由此患病。据印度卫生部门统计，经常

---

① Wilson John, "Water Security in South Asia: Issues and Policy Recommendations," ORF Issue Brief, #26, February, 2011.

② Sad Ahamed 等："印度 Ganga-Meghna-Brahmaputra 平原及周围地区与孟加拉国地下水砷污染及其对健康影响的 19 年研究"，《中国地方病学杂志》2007 年第 1 期，第 43 页。

③ A. K. 米斯拉："城市化对印度恒河流域水文水资源的影响"，《水利水电快报》2011 年第 8 期，第 15 页。

④ 高峰："食品安全的第一道门槛——饮水"，《城镇供水》2013 年第 1 期，第 92 页。

在恒河沐浴的人有 40%—50% 会患上皮肤病和消化道疾患。[①] 二是污水四溢导致蚊虫滋生并传播疾病。内涝、运河渗漏等问题造成的蚊虫滋生导致旁遮普、哈利亚纳、原安得拉邦和北方邦疟疾流行，也是印度各地丝虫病多发的重要原因。[②]

这一领域有些例子颇为令人痛心。为解决缺水危机，中央邦一群农民早在 20 世纪 90 年代中期就建立了以水换血的专门血站（Haatwadha Samiti），用血者可用整车的水作为购血的报酬，血站负责把这些水分配到各居民点，有余则用于灌溉。[③] 可以想象，这些经常卖血换水的农民，身体健康将受到严重摧残。但为了解决缺水的燃眉之急，他们不得不主动牺牲身体健康这一长远利益。类似的例子在印度乡村并非独一无二。

---

① 赵新宇：“印度恒河治理难”，《招商周刊》2005 年第 13 期，第 44 页。

② *Irrigation in Southern and Eastern Asia in Figures-India*，Aquastat Survey，2011，p. 16.

③ "Selling Blood for Water," NDTV website, May 24, 2009, http://www.ndtv.com/india-news/selling-blood-for-water-394759.

第三章

印度应对水安全问题的主要措施及问题

为了有效应对水危机，维护水安全，保障经济社会发展和政治稳定，印度一直在积极尝试各种应对措施，并取得了一定成效，但也面临着严重不足。在危机日渐加剧的今天，已有的应对措施日显捉襟见肘，亟需采取更有力的举措。

第一节　大量抽取地下水

为解决地面水资源不足、水利工程效率低下的问题，印度各地特别是北方从 20 世纪 60 年代就开始大量抽取地下水。时至今日，印度已成为全世界地下水使用量最多的国家，年利用量达2300 亿立方米左右，占全球地下水利用量的约 1/4。① 地下水消耗量占印度年用水量的 33% 左右，供应了 70% 的灌溉面积和大量的生活用水。到 2005 年，使用深水井的净灌溉面积已达使用地面水净灌溉面积的两倍。② 全印各地的抽水井超过 3000 万口。③ 经济条

---

① *Deep Wells and Prudence*：*Towards Pragmatic Action for Addressing Groundwater Overexploitation in India*，World Bank，2010，p. 1.

② World Bank，*India's Water Economy*：*Bracing for a Turbulent Future*，Washington，DC：World Bank，2005，pp. 9 – 10，http：//documents. worldbank. org/curated/en/2005/12/6552362/india-indias-water-economy-bracing-turbulent-future.

③ *Water Stewardship for Industries the Need for a Paradigm Shift in India*，World Wildlife Fund，2013，p. 10.

件稍好的农户会挖掘深井自用甚至适度售水，经济条件较差的农户则从其他农户的深井购水使用。在城市，由于自来水水质堪忧、供水不稳，中产阶级也大量打井抽取地下水供日常生活用；难以负担打井费用的城市居民则从贩售人员手中购买水质较差的地下水。甚至很多工业用户也被迫自掘深井取水，较高的抽水成本也推高了产品成本。

由于很多地方不顾地下水的补给状况，长年累月地大量超采，印度已形成全国性的地下水超采危机。印度地下水的年补给量约4000亿立方米，但2004年的抽取量已相当于补给量的58%。同年一项全国范围的评估指出，全国有29%的地下水区处于半临界、临界或过度开采状态。旁遮普有75%的地下水区处于超采状态，拉贾斯坦有60%，卡纳塔克和泰米尔纳杜约为40%（中央地下水理事会2006年数据）。[①] 泰米尔纳杜、原安得拉、卡纳塔克、古吉拉特、北方邦、旁遮普和哈利亚纳等邦地下水的用水量估计已占年均补给量的70%—100%。这些地方的地下水正以每年0.2—0.5米的速度下降枯竭。[②]

再以旁遮普为例，该邦的深水井1971年为19万口，2010年增长到128.6万口，地下水超采也越发严重：1984年有44.92%的地区超采，1992年有52%的地区超采，到2004年又攀升到75.18%。[③] 旁遮普水利局数据显示，该邦有110个乡地下水超

---

① *Deep Wells and Prudence：Towards Pragmatic Action for Addressing Groundwater Overexploitation in India*，World Bank，2010，p. 3.

② K. 纳鲁拉、高建菊、赵秋云："印度将面临的水安全挑战"，《水利水电快报》2013年第5期，第7页。

③ A. K. Jain, "Water Management Strategies in Punjab, India," in Lydia Powell and Sonali Mittra eds, *Perspectives on Water：Constructing Alternative Narratives*，New Delhi：Academic Foundation，2012，p. 86. Inderjeet Singh, "Ecological Implications of the Green Revolution," *Seminar*, No. 626, October, 2011, pp. 40 – 41.

采（开采率超过100％），① 3 个乡采水率为 90％—100％，2 个为 70％—90％，仅 23 个在 70％ 以下，但这 23 个乡要么是难以抽水的深水区，要么就是地下水品质很差而取用价值不大。时至今日，旁遮普的地下水平均开采率已高达 166％，地下水平面在 2002—2012 年的 10 年间一直以年均 0.55 米的速度下降。② 旁遮普农业大学有研究人员表示，如果继续现有模式，地下水将在 20 年后耗竭。③ 在相邻的拉贾斯坦邦，80％ 的饮用水要依靠地下水，地下水利用率已多年超过 100％。④ 北方邦首府勒克瑙某些地区地下水位在 2006—2014 年间整整下降了 8 米，平均每年下降 1 米，情况稍好的地区则平均每年下降 0.4—0.5 米。⑤ 上述情况只是整个印度的缩影。据统计，印度在 2005 年已有 15％ 的地下含水层状态严峻，预计这一数字到 2030 年将攀升为 60％，⑥ 地下水可持续利用前景令人忧虑。

　　超采地下水造成很严重的现实危害，包括地质灾害频发、咸水入侵、有毒矿物聚集并污染地下水、土地盐碱化等。更严

---

① 地下水开采率为开采量与补给量之比，超过 100％ 即超采，意味着采水量大于补给量，地下水位必然下降。

② A. K. Jain, "Water Management Strategies in Punjab, India," in Lydia Powell and Sonali Mittra eds, *Perspectives on Water: Constructing Alternative Narratives*, New Delhi: Academic Foundation, 2012, p. 86.

③ Seema Singh, "Pumping Punjab Dry," Institute of Electrical and Electronics Engineers website, May 28, 2010, http://spectrum.ieee.org/energy/environment/pumping-punjab-dry.

④ V. Ratna Reddy, *Water Security and Management: Ecological Imperatives and Policy Options*, New Delhi: Academic Foundation, 2009, p. 17.

⑤ Neha Shukla, "Grappling with Scarcity as Water Table Sinks," *Times of India*, July 23, 2015, http://timesofindia.indiatimes.com/city/lucknow/Grappling-with-scarcity-as-water-table-sinks/articleshow/48180441.cms.

⑥ World Bank, *India's Water Economy: Bracing for a Turbulent Future*, Washington, DC: World Bank, 2005, p. 18.

重的是，印度长期大量超采地下水已引起地下水位持续下降，迫使深水井越掘越深，能耗越来越大，实际成本越来越高。但这种能耗并未在农户的成本核算中得到真实反映，而是转化为政府的巨额用电补贴。世界银行认为印度 2005 年的灌溉用电补贴已占全部电费的 10% 即约 2400 亿卢比，相当于国家财政赤字的 1/4。[①] 从经济角度而言，这种数十年如一日地以公共财政补贴私人灌溉用电的政策势必难以持续，没有前途。然而，政治家出于选举利益的考虑，不愿也不敢削减补贴。这就人为压低了抽水成本，令超采问题难以遏制。耗水作物最低收购价政策也在变相鼓励超采地下水。几十年前，旁遮普的作物结构是小麦、玉米、豆类和蔬菜的合理组合，而现在已有近 80% 地区种植水稻和小麦这两种高耗水作物，[②] 对地下水造成的压力也越来越大。

为增加地下水供给，印度中央地下水理事会提出一项"国家地下水补给计划"（National Groundwater Recharge Master Plan，NGRMP），设想以技术手段来收集季风月份的超量降水并将其回灌到地下，预计年补给量将达到 360 亿立方米。该计划的目的是增加地下水供给而非治理超采，故政府支持力度的大小主要取决于各地的回灌潜力而非超采状况。因此，不存在超采问题的恒河—布拉马普特拉河流域会得到 43% 的项目经费；尽管原安得拉、拉贾斯坦、泰米尔纳杜等三个邦的超采乡占了全印的一半，却只分配到 21% 的项目经费。该

---

① World Bank, *India's Water Economy：Bracing for a Turbulent Future*, Washington, DC：World Bank, 2005, pp. 9, 11.

② Inderjeet Singh, "Ecological Implications of the Green Revolution," *Seminar*, No. 626, October, 2011, p. 41.

项目如能成功执行，就可以大幅增加印度的地下水供给。[1]
但麻烦的是，地下水增加最多的地区特别是布拉马普特拉河
流域本来就不缺地下水，甚至地面水也并无短缺；而最需补
给的超采区往往也是季风降雨偏少的地区，回灌潜力自然也
极为有限。

与全国性的回灌计划并行不悖的是，印度很多邦也有本邦的
地下水补给计划，如泰米尔纳杜邦已决定投资 55 亿卢比（先期
拨款 10 亿卢比），建设 4.85 万个回灌设施。[2] 与全国性的计划
相比，地方性的计划更切合本地需求，轻重缓急也更为明确，效
果应更好。整体而言，全国性或地方性的地下水补给计划虽不无
可取之处，却只能在局部取得成效，难以改善印度全国特别是超
采区地下水的严峻形势。

第二节 ┃ 内河联网 ┃

鉴于印度水资源分布存在严重的时空不均衡，将次大陆主要
河流相互连接以调剂余缺便成为很多人的梦想。印度早在近一百
年就出现了将次大陆河流联网的设想，不过当时的主要考虑是促

---

[1] *Irrigation in Southern and Eastern Asia in Figures-India*, Aquastat Survey, 2011, p. 15. http：//cgwb. gov. in/documents/MASTER% 20PLAN% 20Final－2002. pdf. Tushaar Shah, "India's Master Plan for Groundwater Recharge：An Assessment and Some Suggestions for Revision," *Economic & Political Weekly*, December 20, 2008, http：//www. indiaenvironmentportal. org. in/files/India's% 20mater% 20plan% 20for% 20groundwater% 20recharge. pdf. 另可参见 *Master Plan for Artificial Recharge to Ground Water in India*, http：//cgwb. gov. in/documents/MASTER% 20PLAN% 20Final－2002. pdf。

[2] T. Ramakrishnan, "Tamil Nadu to Take up Two River Linking Projects," *The Hindu*, March 21, 2008.

进航运。① 印度独立后，类似设想再次浮出水面，重点转为远程调水并服务于灌溉、发电等目的。1975 年和 1978 年，民间人士先后提出全国水网计划（National Water Grid）和伽兰（或译为"花环"）运河计划（Garland Canal），引起巨大反响，但印度政府考虑到技术可行性等原因而未予接受。1980 年，灌溉部（后改为水利部）构想了全国远景计划（National Perspective Project，NPP），分为喜马拉雅水利开发工程和半岛水利开发工程两大板块，提出要将水资源从盈余区调往短缺区。1982 年，英·甘地政府批准建立国家水务发展局（National Water Development Agency，NWDA），专门负责研究这一问题，但后来并无具体政策跟进，这一构想也随之停顿下来。2002 年是个转折之年。这一年的 3 月，国家水务发展局管委会主席（由水利部秘书兼任）公开表示要加速推动当事各邦就分享水资源盈余达成一致。8 月 15日，印度总统在全国讲话中表示，向工农业和居民生活稳定供水是印度的当务之急，将各河道连成网络正是这一工作的重要方面，印度的技术实力和管理能力足以保障这一工程得以实现。② 不久，印度最高法院一项判决又公开要求政府尽快执行全国"内河联网计划"（Inter-Linking of Rivers，ILR）并在 10 年内完工。当年 10 月，印度总理授权成立专门工作组（Task Force）来研究这一问题。2003 年 8 月 15 日，印度总统在全国讲话中再次强调

---

① Jayanta Bandyopadhyay and Shama Perveen, "A Scrutiny of the Justifications for the Proposed Inter-Linking of Rivers in India," in Yoginder K. Alagh, Ganesh Pangare and Biksham Gujja eds, *Interlinking of Rivers in India: Overview and Ken-Betwa Link*, New Delhi: Academic Foundation, 2006, p. 29.

② Kelly D. Alley, "India's River Linking Plan: History and Current Debates," http://cmes.hmdc.harvard.edu/files/alleyharvardwater.may08.doc.

"内河联网计划"是本届政府的"首要任务"。[①] 次年上台的联合进步联盟政府也强调会重视各界的不同意见，分地域、分步骤推动这一工程。但在随后的 10 年间，这一工程并未取得任何实质性进展，专门工作组也在 2005 年解散。

"内河联网计划"的主要内容是，以约 260 条人工河道将印辖境内的 37 条主要河流连接起来，预计需建设运河 1.25 万公里，将形成 3.5 万兆瓦发电能力，增加 3500 万公顷灌区。最重要的是，将形成每年高达 1780 亿立方米的调水能力，成为全世界最大的水利工程，工程造价按 2002 年汇率估算为 1200 亿美元左右。[②] 工程的布局与印度水资源分布情况相一致，也分为两大板块，即喜马拉雅板块和半岛板块，其核心是将水量稳定而充沛的喜马拉雅水系同流量极不稳定的德干高原水系连通，借此在两大板块之间和板块内部机动调水。[③]

该工程在印度极富争议，支持者和反对者争论激烈，至今仍无定论。支持者认为这一工程有四大利。第一是大幅提升印度全

---

① Tushaar Shah, Upali Amrasinghe and Peter McCornick, "India's River Linking Project-State of the Debate," p. 2, http：//nrlp. iwmi. org/PDocs/DReports/Phase_ 02/01. % 20India's% 20River% 20Linking% 20Project% 20 – % 20State% 20of% 20the% 20debate – % 20Shah% 20et% 20al. pdf.

② Tushaar Shah, Upali Amrasinghe and Peter McCornick, "India's River Linking Project-State of the Debate," p. 6. Yoginder K. Alagh, Ganesh Pangare and Biksham Gujja, *Interlinking of Rovers in India：Overview and Ken-Betwa Link*, New Delhi：Academic Foundation, 2006, pp. 11, 17.

③ 对是否从恒河和布拉马普特拉河流域调水的问题，印度官方的态度始终含糊不清、自相矛盾。政府多次向国内外表示无意从这一水域调水，但广为流传的项目计划图却包含了从上述水域调水的工程，南方和西部某些邦之所以对该计划保持热情也是看准了从上述水域调水的前景。应该说，在两大水系之间调水一直是各种全印河道联网设想的核心所在，掏空这一核心的"内河联网计划"可谓平淡无奇，恐并非印方构想。参见 Ramaswamy R. Iter, "River-Linking Project：A Critique," in Yoginder K. Alagh, Ganesh Pangare and Biksham Gujja, *Interlinking of Rovers in India：Overview and Ken-Betwa Link*, New Delhi：Academic Foundation, 2006, pp. 61 – 62。

国特别是南方和西部的供水安全，一劳永逸地解决这些地区的缺水问题；第二是防洪减灾，借工程疏导南方在季风时节的过量雨水；第三是便利交通，借运河构成高效便捷的全国性内河航运网；第四是提升能源安全，借此有效促进水电开发，缓解印度的严重用电短缺。

反对意见归纳起来主要是以下几点。一是从根本上否定"调剂余缺"之说：所谓"水盈余"在维持生态环境方面有重要作用，不能任意调配；即便某些地区确实存在"过剩"水资源，也应优先满足周边缺水地区的需求，远程调水既不经济也不可行。二是质疑工程的法理依据和政治代价，因为印度《宪法》规定水资源由各邦管辖，[①] 中央政府的职能限于宏观政策、调解邦际水争端等，实施全国性的内河联网并大规模改变水资源的天然分布于法无据，可能加剧各地水争端，征地、移民安置等也可造成严重而难以解决的社会问题。三是质疑工程的技术可行性：工程技术难度过大，不具备现实可行性；实际投资远大于预期，超过财政承受能力；认为工程移民的成本难以承担；工程部分河段必须人为提高水位，消耗大量能源，可谓得不偿失；工期漫长，10来年绝不可能见效，或许需 50 年以上才能完工。四是质疑工程在减灾防灾、发电、通航等方面的潜力。反对者认为：连通河流本身难以发电，要大规模发电需拦水筑坝，这又会带来其他问题（如增大投资、妨碍通航、影响水资源分配等）；要疏洪减灾也极为困难，因为季风影响范围很大，印度全国往往同时进入雨季，此时将过量河水从一处导往他处不仅毫无益处，更会引发相关地域的严重争端。五是质疑工程的环境影响，认为联网可造成

---

① 印度《宪法》将水资源管理列为第七附表之表二第十七项。该表所列事务皆归各邦管辖。

水污染扩散，改变河流自然生态系统，在大范围内威胁到河流生物圈和周边生态系统的安全。①

由于印度《宪法》将水资源划归各邦管理，当事各邦的态度就成了"内河联网计划"能否顺利推进的关键因素。目前的局势是，有水资源调入而无水资源调出的泰米尔纳杜邦积极支持，需调出部分水资源的西孟加拉、比哈尔、旁遮普、马哈拉施特拉、喀拉拉等强烈反对。比哈尔的政治强人亚达夫态度强硬：先是表示决不允许从恒河水域调走哪怕一杯水，随后又称必须要价格合适才可考虑。② 特伦甘纳邦水利部长表示支持尽快连接喜马拉雅水系和半岛水系，同时又强调只能在某一流域确有水盈余的情况下才能往外调水，③ 显然特伦甘纳认为本邦河流并无盈余。印度东北各邦及伪"阿鲁纳恰尔邦"的态度极为关键，因为当地享有布拉马普特拉河及其支流带来的丰沛水资源，而人口不多、经济欠发达等原因又导致其用水量极小，这就意味着他们拥有巨量的可调出水资源，受"内河联网计划"的影响也最大，反对态度也最坚决。此外，当地民族构成与印度本土差异很大，反政府武装极为活跃，经济社会发展缓慢，这些因素与"调水"问题结合起来，很可能进一步强化当地的离心倾向。因此，在争取到各邦特

① Ramaswamy R. Iter, "River-Linking Project：A Critique," in Yoginder K. Alagh, Ganesh Pangare and Biksham Gujja, *Interlinking of Rivers in India：Overview and Ken-Betwa Link*, New Delhi：Academic Foundation, 2006, pp. 12 – 13, 55 – 64.

② World Bank, *India's Water Economy：Bracing for a Turbulent Future*, Washington, DC：World Bank, 2005, p. 24. 亚达夫（Laloo Prasad Yadav）1990—1997 年任比哈尔首席部长，其妻于 1997—2005 年继任比哈尔首席部长，外界普遍将此时段的比哈尔政府视为两人的"夫妻店"。

③ B. Chandrashekhar, "Telangana Makes its Stand Clear on Interlinking of Rivers," *The Hindu*, January 10, 2015, http：//www. thehindu. com/news/national/andhra-pradesh/telangana-makes-its-stand-clear-on-interlinking-of-rivers/article6774148. ece.

别是东北地区的支持之前，印方在"内河联网计划"上将难有大的动作。2014 年召开的第 2 次"内河联网特别委员会"会议上，阿萨姆方面表示中央政府应单独召集东北各邦开会，[①] 凸显了这一地区的微妙态度。

印度周边的孟加拉国和尼泊尔对"内河联网计划"极为担心，孟加拉国受影响尤其大。[②] 自 2002 年以来，孟境内已召开若干学术会议，专门研讨"内河联网计划"及其对孟影响。由于"内河联网计划"并未进入实施阶段，这一项目尚未成为印与尼、孟两国之间的大问题。一旦印度实质性推动"内河联网计划"，尼、孟两国必然表现出高度关切，特别是孟加拉国很可能会以最激烈的方式表达反对意见。从以往经验来看，尼、孟两国的反对态度未必能阻止印方，但印与两国关系恶化对地区局势及地区生态安全的影响仍值得重点关注。

由于种种原因，"内河联网计划"过去十余年来的主要进展仅限于编制各种调研报告。印方已经为半岛水系的 14 个联网项目和喜马拉雅水系的 2 个联网项目（仅限印度部分）准备了可行性报告。[③] 印度水利部认为有 5 条运河建设项目应优先考虑，需先期编制项目详细报告：其中肯—贝特瓦（Ken-Betwa）运河的报告已经完成并通报当事各邦；马哈拉施特拉、古吉拉特和中央政府水利部在 2010 年 5 月 3 日签署三方协议，同意为另两个项目准备报告；中央政府正就一项目报告编制争取中央邦和拉贾斯

---

① "Inter-linking of Rivers to be Completed in a Decade: Uma Bharati," *Zeenews*, October 17, 2014, http://zeenews.india.com/news/india/inter-linking-of-rivers-to-be-completed-in-a-decade-uma-bharati_ 1486291.html.

② "Concerns Over India Rivers Orders," *Kathmandu Post*, April 1, 2012.

③ "Interlink of Rivers," Ministry of Water Resources, River Development and Ganga Rejuvenation, Government of Indian, http://wrmin.nic.in/forms/list.aspx? lid = 1279.

坦的同意；戈达瓦里—克里希纳运河项目已纳入原安得拉邦自身的水利规划。①

　　2012 年，最高法院一项判决再次要求政府"及时"推动这一工程，社会各界对"内河联网计划"的讨论随之再趋活跃。2013 年 5 月，水利部根据上述判决决定建立内河联网特别委员会（Special Committee for Interlinking of Rivers），②水利部长任主席，国家水务发展局长任秘书长。2014 年 5 月，印度人民党时隔 10 年再度执掌全国政权，新总理莫迪获得强势执政地位，各界纷纷猜测当局很可能重启上一个印度人民党政府力推的"内河联网计划"。2014 年 9 月底，印度组建了内河联网特别委员会，在随后的 17 个月内，该委员会先后召开 8 次会议（最近一次会议于 2016 年 2 月 8 日召开），组建了 4 个小组委员会和专家工作组，水利部长每周都在跟进项目进展，2015 年又在水利部之下建立了邦内河流联网工作组。③2015 年 7 月 13 日，水利国务部长在特别委员会第 5 次会议后公开宣布：将于年内开工建设肯—贝特瓦河联网工程（涉及北方邦和中央邦）并将其树为样板工程；纳玛达河联网工程的项目详细报告（Detailed Project Report, DPR）预计于 7 月末完成，水利部此后将着手处理古吉拉特和马哈拉施特拉两邦分享水资源的问题；涉及尼泊尔的萨普塔—科西项目的调研与项目详细报告编制工作正在加速推进。他还公开表

　　①　"River Linking Projects", Press Information Bureau, Government of India, December 4, 2012, http：//pib. nic. in/newsite/erelease. aspx? relid = 89898. 印度水利部长就联邦院关于邦际河道联网和邦内河道联网工程书面质询所做的答复。

　　②　"Special Committee for Interlinking of Rivers," Press Information Bureau, Government of India, August 12, 2013, http：//pib. nic. in/newsite/PrintRelease. aspx? relid = 97981.

　　③　"Interlink of Rivers," Ministry of Water Resources, River Development and Ganga Rejuvenation, Government of India, http：//wrmin. nic. in/forms/list. aspx? lid = 1279.

示，将与阿萨姆、西孟加拉和比哈尔三邦磋商推动玛纳斯—桑科斯—提斯塔—恒河联网工程的问题。[1] 莫迪政府对"内河联网计划"表现出异乎寻常的乐观态度，在 2014 年 10 月召开的特别委员会第 1 次会议上，水利部长甚至大胆表示希望在 7—10 年间完成"内河联网工程"。[2] 对各种反对意见，当局主要强调会充分考虑项目的环境影响，却很少正面回应其他顾虑特别是国内各邦和孟加拉等国可能的不同意见，这一点引人关注。

印度各邦虽对全国性的联网计划疑虑重重，但对邦内的河道联网态度积极。据统计，印度国家水务发展局到 2012 年 12 月已收到 7 个邦的 36 个邦内联网倡议，到 2012 年 9 月已完成其中 21 个倡议的可行性预报告，另有 10 份正在初审。[3] 与全国性的河道联网相比，邦内河道联网规模较小，政治障碍较小，拨款更为灵活，与水资源由各邦管理的现行体制也更为兼容，推动起来会更为迅速，如泰米尔纳杜已决定在本邦建设两个河道联网工程。[4] 需注意的是，各邦的邦内联网计划与全国性的"内河联网计划"必然存在相当程度的重叠（如戈达瓦里—克里希纳运河已纳入原安得拉邦水利规划）。优先推动非敏感区的邦内联网计划和部分

---

[1] "Linking of Ken, Betwa Rivers to Begin by Year-end," *The Tribune*, July 13, 2015, http://www.tribuneindia.com/news/nation/linking-of-ken-betwa-rivers-to-begin-by-year-end/106174.html.

[2] "Inter-linking of Rivers to be Completed in a Decade: Uma Bharati," *Zeenews*, October 17, 2014, http://zeenews.india.com/news/india/inter-linking-of-rivers-to-be-completed-in-a-decade-uma-bharati_ 1486291.html.

[3] "River Linking Projects", Press Information Bureau, Government of India, December 4, 2012. 印度水利部长就联邦院关于邦际河道联网和邦内河道联网工程情况书面质询所做的答复。

[4] T. Ramakrishnan, "Tamil Nadu to Take up Two River Linking Projects," *The Hindu*, March 21, 2008, http://www.thehindu.com/todays-paper/tp-national/tamil-nadu-to-take-up-two-river-linking-projects/article1224194.ece.

邦际优先项目，条件有利的时候将其相互联通，从而逐步构建喜马拉雅和半岛地区两大水利网络，条件成熟时再连通为全国性网络，这可能成为印方下阶段推动全国"内河联网计划"的可行模式。

第三节 ┃ 管理机制改革 ┃

印度的水资源管理体制颇为复杂且效率不高，改革管理体制的呼声一直不绝于耳。印度《宪法》将水资源管理列为各邦事务，中央政府的主要职能限于水资源的宏观规划、协调解决邦际水争端等。这一体制的优势在于各邦的利益和诉求能得到较好的反映，不利之处是各邦过度"自利"，一惯"自助"，乐于争夺而疏于合作。尽管印度《宪法》也规定，一旦公共利益必需，中央政府在经专门法律授权后可对跨邦河流行使管辖权，但各邦的强烈抵制、政党利益的左右权衡均导致中央政府难以行使这一职权，甚至还要反复保证会高度尊重各邦的水资源管理权，如总理曼·辛格2012年专门重申："中央政府无意以任何方式侵犯各邦行使《宪法》规定的权利，无意将水资源管理中央化。"①

一、涉水法律机制

印度的涉水法律框架颇为复杂。印度《宪法》规定了水资源"地方管理、中央协调"的基本原则。《国家水政策》是印度水资源领域的纲领性文件，自1987年首度制定以来先后在2002年

---

① Nitya Jacob，"National Water Resources Council Approves Water Policy，" Down to Earth website，December 28，2012，http：//www. downtoearth. org. in/content/national-water-resources-council-approves-water-policy.

和 2012 年进行两次重大修订。2012 年的修订特别强调运用经济手段，呼吁推动流域管理。此次修订也因此受到很多邦的抵制，颇有争议。印度早在 1974 年就制定了《水污染防控法》。1956 年制定、2002 年修订的《邦际水争端法》是印度处理涉水邦际争端的根本大法。另外，针对整合水资源管理体制的强烈呼声，印方还制定了《国家水务框架法》（草案）（Draft National Water Framework Law）和《关于邦际水分享/分配的国家政策指导方针》（草案）（Draft National Policy Guidelines for Water Sharing/Distribution amongst States）等，但二者仍为草案，并无任何约束力。印度的地下水管理在国家层面长期处于无法可依的状态，立法程序 1995 年即已启动，迄今仍无结果。[①]

各邦的水资源政策与中央既有契合之处，又有不一致的地方，步调大不一致。各邦在《国家水政策》文件的指导下根据本邦情况制定本邦《水政策》文件，有些邦还在地面水和地下水统一管理、节水增效等方面做了初步探索。如拉贾斯坦邦尝试立法保障水资源在一、二、三产业间公平分配，马哈拉施特拉邦在 2005 年制定《水资源管理法》（Water Resources Regulation Act），建立了专门的水务管理局（Regulatory Authority），北方邦《水务管理委员会法》就地下水管理做出了专门规定。[②] 但总的说来，各邦对水危机的政策应对仍远远不够且参差不齐，各自为战、互不协调乃至相互拆台等现象大大削弱了各邦应对措施的有效性。

---

① Shawahiq Siddiqui, "Water Use Efficiency in the Indian Context," in Lydia Powell and Sonali Mittra eds, *Perspectives on Water: Constructing Alternative Narratives*, New Delhi: Academic Foundation, 2012, p. 155.

② Shawahiq Siddiqui, "Water Use Efficiency in the Indian Context," in Lydia Powell and Sonali Mittra eds, *Perspectives on Water: Constructing Alternative Narratives*, New Delhi: Academic Foundation, 2012, p. 156.

二、涉水政府部门

总的说来，印度水资源的直接管理由各邦的灌溉与供水部（Department of Irrigation and Water Supply）或类似部门负责，中央政府的涉水机制虽很复杂，但主要侧重宏观协调、政策调研等，基本不具备资源管理职能。中央层面与水资源直接相关的机制主要有总理和各邦首席部长参加并由总理任主席的全国水利委员会（National Water Resources Council），中央政府水利部秘书任主席的国家水务理事会（National Water Board），水利、河流开发与恒河复兴部（Ministry of Water Resources, River Development and Ganga Rejuvenation，2014年7月31日由原水利部更名而来，仍可简称为水利部），中央水务委员会（Central Water Commission，CWC），以及中央地下水理事会（Central Groundwater Board，CGWB）等。全国水利委员会的职权是制定修改印度水务领域的顶层指导文件《国家水政策》（National Water Policy），国家水务理事会负责向全国水利委员会汇报该文件的执行情况，并就水利发展向其提出建议。水利部主要履行水资源规划、审批大中型水利工程、调解邦际水争端和涉水国际谈判等职能。水利部下属的中央水务委员会和中央地下水理事会均系政策建议和信息研究部门而非管理部门。中央水务委员会的职责是，经与相关各邦政府磋商，提出协调并推动各种管理、保护、利用全国水资源的计划，以实现防洪、灌溉、航运、饮用、水电开发等目的，并负责调研、构建或执行上述计划。中央地下水理事会则负责为管理、开发、监督、评估地下水资源提供科学信息。[1] 印度还计划建立国

---

① 参见印度水利部网站（http：//mowr. gov. in/index. asp？ langid = 1）、中央水务委员会网站（http：//cwc. gov. in/）和中央地下水理事会网站（http：//cgwb. gov. in/）的相关介绍。

家用水效率局（National Bureau of Water Use Efficiency），专门负责节水增效工作。[①]

除上述水务专门机构外，印度政府还有众多的涉水部门：水环境保护由环境与森林部下属的中央污染控制理事会（Central Pollution Control Board）管理，城乡安全饮水分别由住房与城市减贫部和原农村发展部的供水与卫生局（2011 年升格为供水与卫生部）负责，小型水利工程由新能源与可再生能源部管理，而大坝又由电力部管理。[②] 重要的涉水部门还有计划委员会，[③] 负责为水利建设分配资金并参与制定《国家水政策》；农业部，负责促进灌溉农业。[④] 这种条块分割的直接后果就是，印度对地面水和地下水的管理与污染防治至今未能出台统一的政策法规。近年来，对水资源实行一体化管理的呼声日高，纲领性的《国家水政策》2012 年修订版也专门新增了推动水资源一体化管理的内容，但要整合中央政府庞杂的涉水机构确实困难，要保障政策得到有效执行更是难上加难。

印度水资源管理的一大问题是缺乏流域性管理机制。1956 年《河流机构法》（River Organization Act，ROA）规定可设立流域管理机构，但中央政府从未动用这一条款。印度现在确实设有若干流域性机构，如纳玛达河管理局（Narmada Control Authority

---

① "Water Use Efficiency," November 29, 2012, http：//164.100.47.132/Lss-New/psearch/QResult15.aspx？qref＝130746. 印度水利部长对人民院就"用水效率问题"所做的答复。

② Shawahiq Siddiqui, "Water Use Efficiency in the Indian Context," in Lydia Powell and Sonali Mittra eds, *Perspectives on Water：Constructing Alternative Narratives*, New Delhi：Academic Foundation, 2012, p.161.

③ 计划委员会已于 2015 年初废除。

④ *Irrigation in Southern and Eastern Asia in Figures-India*, Aquastat Survey, 2011, p.13.

Indore)、恒河防洪委员会（Ganga Flood Control Commission，GF-CC)、朱木拿河上游理事会（Upper Yamuna River Board)、贝特瓦河理事会（Betwa River Board)和布拉马普特拉河理事会（Brahmaputra Board）等。但它们既非中央政府下设部门，更不是水利部下属机构，而是中央政府职能部门与相关各邦首席部长和水务负责人组成的协调机构，其设立需特定法案或司法判决专门规定，授权也较为有限，一般只负责某流域的水资源调研、规划，甚至仅限于某一具体事务如防洪等。比如1998年建立的高韦里河道局（Cauvery River Authority，CRA）虽然由总理牵头、流域四邦首席部长为其成员，却并不具有水资源管理权，只是一种政治协调磋商机制，主要职责是协调围绕高韦里河仲裁庭裁决而起的争议。附设的高韦里河监督委员会只具有技术咨询功能。总的说来，由于各邦极力抵制水资源方面的任何外在约束，现有流域机构的作用相当有限。真正的流域管理在可预见的将来仍难以实现。

三、地方水管理机制与公众参与

印度水资源的直接管理由各邦的灌溉与供水部或类似部门负责。有些邦已根据本地情况改革了水资源管理机制，如马哈拉施特拉邦成立了水务管理局等。[1] 城市供水一般由供水委员会管理，如首都德里就设立了供水委员会（Delhi Jal Board）。

印度《国家水政策》文件从2002年起开始强调公民参与用水管理，各邦更是早在20世纪90年代后期就开始尝试组建用水

---

[1] Shawahiq Siddiqui, "Water Use Efficiency in the Indian Context," in Lydia Powell and Sonali Mittra eds, *Perspectives on Water: Constructing Alternative Narratives*, New Delhi: Academic Foundation, 2012, p. 156.

户协会（Water User Association，WUA）并由其管理灌溉工作，到 2010 年已在全国组建用水户协会 5.55 万个，覆盖耕地面积 1023 万公顷。[①] 安得拉邦的经验较为典型。该邦早在 1997 年就开始大量组建用水户协会，总数超过 1 万。研究表明，这一机制在运河管理方面表现较好，有效改善了末端用户的用水状况。据统计，当地一灌区的稻田灌溉面积从此前的 2 平方公里（500 英亩）扩大到 8 平方公里（2000 英亩）。然而，这一机制并未在全邦范围内显现出类似潜力，其维持也高度依赖外部资金支持，自我维持能力仍然不强。[②]

四、涉水争端解决机制

印度邦际水争端频发，其解决机制得到特别重视。邦际水争端既可自行协商解决，也可由当事各邦任何一方提交中央政府协调。根据 1956 年《邦际水争端法》（Inter-State Water Disputes Act），中央政府收到任何一方就水争端提交的投诉后，应即刻开始协调工作，协商不成者，需在一年内设立专门的仲裁庭。该庭由最高法院首席大法官任命 3 名最高法院法官组成，有权指定评估专家若干以备咨询或调研。仲裁庭的裁决属最终裁决，理论上说对当事各方均有约束力。[③] 印度历年来至少设立 6 个仲裁庭。一般认为克里希纳河、戈达瓦里河及纳玛达河仲裁庭较为成功，

---

① *Irrigation in Southern and Eastern Asia in Figures-India*, Aquastat Survey, 2011, p. 275.

② V. Ratna Reddy, *Water Security and Management：Ecological Imperatives and Policy Options*, New Delhi：Academic Foundation, 2009, pp. 100－101.

③ N. Shantha Mohan and Salien Routary, "Interstate Transboundary Water Sharing in India, Conflict and Cooperation," in Lydia Powell and Sonali Mittra eds, *Perspectives on Water：Constructing：Alternative Narratives*, New Delhi：Academic Foundation, 2012, p. 203.

而拉维—比亚斯河和高韦里河两个仲裁庭不仅没有解决争端，反而引起了更大纠纷。[①] 对仲裁制的批评意见颇多，特别突出的包括庭审周期长、仲裁执行难等。水务仲裁庭的仲裁周期普遍很长，耗时最长的是 1990 年设立的高韦里河仲裁庭，从建立到做出裁决花了整整 17 年。2002 年修订后的《邦际水争端法》规定裁决期不得超过 6 年，[②] 但普遍认为 6 年时限仍然过长。涉水裁决执行起来也很难，因为仲裁庭并无专门执行机构，裁决的执行只能靠各邦自觉自愿，而后者经常对裁决各取所需，任意诠释，甚至干脆无视判决，各行其是。裁决的法理依据颇为复杂，包括先开发者优先原则、上游优先原则、汇水地按比例分配原则等。这也为各邦自行诠释提供了空间。

　　鉴于仲裁庭的上述局限性，各邦也在尝试新的争端解决方式，如当事用水户直接谈判等。还有学者呼吁更有效地利用现有机制，包括根据印度《宪法》第 263 条之规定而于 1990 年 5 月设立的邦际理事会（Inter-State Council）。该理事会由总理、中央政府 6 名部长和各邦与各中央直辖区首席部长组成，职权之一是就邦际争端进行调查并提出建议，之二是就涉及各邦共同利益的事务进行调研。[③] 从逻辑上说，邦际水争端理应属于邦际理事会管

---

　　① World Bank, *India's Water Economy*: *Bracing for a Turbulent Future*, Washington, DC: World Bank, 2005, p. 23.

　　② N. Shantha Mohan and Salien Routary, "Interstate Transboundary Water Sharing in India, Conflict and Cooperation," in Lydia Powell and Sonali Mittra eds, *Perspectives on Water*: *Constructing*: *Alternative Narratives*, New Delhi: Academic Foundation, 2012, p. 203.

　　③ N. Shantha Mohan and Salien Routary, "Interstate Transboundary Water Sharing in India, Conflict and Cooperation," in Lydia Powell and Sonali Mittra eds, *Perspectives on Water*: *Constructing*: *Alternative Narratives*, New Delhi: Academic Foundation, 2012, p. 204.

辖范围。然而，各方似乎普遍无意激活邦际理事会的这一职能，导致其在邦际水争端中无所作为。也有人建议更积极地动用中立的第三方来进行协调，正如世界银行当年成功促成印巴签订《印度河水条约》一样。这一机制的困境在于难以找到各方都能接受的中立第三方。更何况，设想由无职无权的第三方来完成协调各方立场这项中央政府都难以完成的工作，确实也过于理想化了。

第四节 ┃ 节水增效计划 ┃

印度面临着极为艰巨的节水任务。有研究预测，印度 2050 年的用水量可控制在 9730 亿至 1.18 万亿立方米之间，前提是必须将农业用水效率从 35%—40% 提高到 60%。[①] 联合国粮农组织认为，印度要生产足够的粮食就必须在 2025 年前后将地面和地下灌溉水有效利用率分别提高到 50% 和 72%。[②] 2012 年修订的《国家水政策》提出节水增效的设想，"国家水务构想"（National Water Mission，NWM）对其做出更具体的说明。[③] 印度希望在"十二五"期间（2012—2017 年）将全国用水效率提高 20%，设想的具体措施包括：（1）研究在工农业和生活用水中提高用水效率并维护用水质量；（2）鼓励废水循环使用；（3）开发生态友好型污水处理系统；（4）改善城市供水；（5）为设备粘贴用水效率标签；（6）推进节水科技；（7）与各邦合作推动节水

[①] *Water and Related Statistics* 2010，Central Water Commission website，p. 38.

[②] *Irrigation in Southern and Eastern Asia in Figures-India*，Aquastat Survey，2011，p. 17.

[③] "国家水务构想"是印度"应对气候变化国家行动计划"（National Action Plan for Climate Change，NAPCC）的八大构想之一。

示范工程；（8）促使水利管理当局保障水资源的公平分配，保障水务设施能收取公平的费用；（9）推动强制性的水务监测包括饮用水监测；（10）支持水资源项目的运作与维护；（11）鼓励水资源保护及有效用水；（12）鼓励高效灌溉。印度将"国家水务构想"的执行机构即秘书处设在水利部，计划在"十二五"期间为其拨款 19.6 亿卢比。目前，项目秘书处正与印度标准局合作制定用水效率标准，并在亚洲开发银行的技术支持下开展"国家用水效率提升支持计划"的研究工作。[①] 中央水务委员会也制定了《提高工业及灌溉用水效率指导原则》（草案），要求未来 5 年将城市用水压缩 10%（特别提到要将供水系统渗漏减少 10%），将工业用水压缩 25%，重点强调了农业节水的重要意义，但没有规定具体的目标任务。[②] 该文件推荐的某些措施，中央政府和某些邦早已开始尝试，具体包括推广高效农业灌溉、改善生活用水的打表计费情况、提高水费收取率和减少"偷水"现象等。中央水务委员会制定的《提高工农业及生活用水效率指导原则》则设想以改革灌溉部门、在灌溉领域采取科学的水管理方法、技术升级改造和鼓励研发活动等手段来将灌溉效率提高20%。[③] 政府还计划建立专门的国家用水效率局。[④]

---

① "National Water Mission," February 20，2014，http：//164. 100. 47. 132/Lss-New/psearch/QResult15. aspx？ qref ＝ 150654，http：//164. 100. 47. 132/Annexture/lsq15/15/as396. htm. 印度水利国务部长对人民院关于"国家水务构想"质询的答复。

② *Draft Guidelines for Development of Water Use Efficiency in Rural，Urban，Industrial and Irrigation Sector*，pp. 8 － 9，Central Water Commission website，cwc. gov. in/main/downloads/draftguideline_ wateruse. pdf.

③ *Guidelines for Improving Water Use Efficiency in Irrigation，Domestic & Industrial Sectors*，Central Water Commission，November，2014，pp. 5 － 7.

④ "Water Use Efficiency," November 29，2012，http：//164. 100. 47. 132/Lss-New/psearch/QResult15. aspx？ qref ＝ 130746. 印度水利部长对人民院就"用水效率问题"所做的答复。

然而，印度的节水措施仍严重不足，有限的节水政策大多停留在纸面上而未能落实到行动中，节水增效的局势依然严峻，并无值得乐观的迹象。需特别指出的是，印度要实质性提高用水效率，就必须把工作重点放在农业这一最大耗水产业，为此迫切需要进行一系列结构性改革，包括大面积推广节水灌溉、大幅削减甚至取消灌溉用电补贴以鼓励农民主动节水、调整农产品收购价格政策以鼓励农民种植低耗水作物或品种、调整工业结构以减少对高耗水农作物原材料的消耗量。麻烦的是，出于选举利益的考虑，地方和中央的政治家均将削减灌溉用电补贴或调整收购价视为雷区，节水灌溉的推广力度严重不足，结果就是农业节水始终步履蹒跚，甚至原地踏步。节水工作的另一障碍是，各邦唯恐因节水而在邦际水争端中吃亏，对本邦过量开采水资源特别是跨邦河水的低效乃至浪费现象宁愿听之任之。此外，印度各地水利投资长期不足，已导致地面供水设施效率严重下降。农民对此极为不满，足额缴纳水费的意愿进一步下降。这又反过来加剧了水利资金的短缺状况，形成了难以解脱的恶性循环。印度政府将来如何扩大水利投资、如何大幅提高供水设施的效率、如何保障有效征收水费，这些紧迫问题迄今仍无明确答案。

第五节 ┃ 印度水安全问题的症结与前景 ┃

总的来说，印度的水危机成因复杂，现状严峻，其有效应对极为困难。尽管印度已尝试了各种应对措施，但现状仍不理想，前景难以乐观。水资源由各邦管理造成典型的"公地悲剧"，具体表现是：各方竞相争利卸责，抢占资源的短期利益压倒永续利用的长远利益，各邦利益最大化的个体理性压倒国家水资源可持续发展的集体理性。各邦恶性争夺水资源的情况屡见不鲜：一方面全力开发自己辖境内的水资源；另一方面全力争夺更大用水份额，具体做法是极力反对上游的水利开发特别是筑坝活动，同时以一切理由缩减分配给下游的水量。与此形成对照的是，各邦纷纷回避治理污染的责任，自身大肆向河流排污，同时又不断指责上游地区，要求其"承担责任"。与争夺资源相比，节水增效并未得到真正重视，因为各邦认为节约下来的水资源将流入下游地区，自己一番辛苦不过是"为他人作嫁衣裳"。某些邦甚至放任水资源浪费，认为任何节水工作都可能缩减本邦所能分配到的用水份额，故有意识地维持较大用水量，以此作为邦际水争端中的要价筹码。[1] 不断有学者指出，印度《宪法》和各具体法律为中央政府干预水务留有入口，如《宪法》规定中央政府得经法律授权对跨邦河流行使管辖权，《流域机构法》规定中央政府可设立流域机构等，《宪法》规定中央政府应保障自然资源可持续利用的条款也为中央政府的干预行动提供了法理依据。[2] 但历届中央政府始终不敢越雷池一步。妨碍中央政府的主要不是法律因素，而是政治考虑，即果敢的干预措施将严重开罪各邦特别是地方政党，威胁到本党执政地位乃至政治前途。可以预见，印度"水资源一体化管理"的目标在未来相当长的时段内仍难以实现。

在国际水资源合作方面，印度的表现可谓喜忧参半。就积极方面而言，印度与巴基斯坦和孟加拉国均签署并执行了水资源分配条约，与尼泊尔和不丹均有联合水利开发项目，特别是与不丹

---

[1]　World Bank, *India's Water Economy: Bracing for a Turbulent Future*, Washington, DC: World Bank, 2005, p. 24.

[2]　Shawahiq Siddiqui, "Water Use Efficiency in the Indian Context," in Lydia Powell and Sonali Mittra eds, *Perspectives on Water: Constructing Alternative Narratives*, New Delhi: Academic Foundation, 2012, p. 160.

的联合开发效果甚好。① 印方虽对中国的水利开发活动疑虑颇深，但政府的反应仍较为理性。就消极方面而言，印度与巴基斯坦的水资源争端近年来明显激化，有效期 30 年的《恒河水资源分享条约》到期日逐渐临近，孟方对印方进一步开发乃至分流恒河或布拉马普特拉河水资源的任何消息一直高度警惕。随着印、孟、巴三国的水资源短缺进一步凸显，② 相关水争端很可能严重激化，直接威胁地区安全。另一个问题是，印度《国家水政策》明确规定，在与邻国磋商国际河流的水资源管理与分享问题时，印度应采用双边方式，且必须与相关各邦密切磋商。③ 然而，印度的重要国际河流如布拉马普特拉河、印度河等均涉及三国以上利益，双边模式无助于全流域管理。这种情况和印度国内糟糕的流域管理相结合，严重妨碍对国际河流的科学管理、有效保护和合理利用，更何况相关各邦的态度也构成严重制约。

最后还要指出，尽管水利专家甚至印度总统均表示印度亟需实现从"水资源开发"到"水资源一体化管理"的范式转换，④ 但印方应对水危机的实际总体思路仍严重偏向于供给方管理，严重忽视需求方管理，习惯思路仍然是增加水供给，却不愿果敢地控制水消费：20 世纪 60 年代起的地面水供应不足及低效促使很多地区转向抽取地下水；在地下水也严重不足的现在，印方又推

① IDSA Task Force, *Water Security for India*: *The External Dynamics*, New Delhi: Institute of Defense and Analysis, September, 2010, pp. 63 – 68.

② 孟加拉国水资源总量和人均量均极为丰富，孟的主要问题在于季节分布不均，即旱季水量不足，雨季水量过多乃至出现洪灾。

③ *National Water Policy* 2012, Ministry of Water Resources website, pp. 11 – 12. http://mowr. gov. in/writereaddata/linkimages/NWP2012Eng6495132651. pdf.

④ "Water Management in Agriculture Crucial: Mukherjee," *Business Standard*, October 28, 2013, http://www. business-standard. com/article/news-ani/water-management-in-agriculture-crucial-mukherjee-113102800541_ 1. html.

出"国家地下水补给计划"或各邦的地下水回灌计划来继续增加供给；"内河联网计划"的核心同样在于增加"缺水区"的地面供水量，代价是缩减"丰水区"乃至下游国家的水资源；邦际河流争端的实质多在于增加本邦的用水份额；在国际上，印度考虑更多的也是争夺更多的水资源份额而非对其进行科学管理。在这种心态的支配下，有意无意地忽视管理机制改革和节水增效几乎是必然的。于是，流域管理、一体化管理等设想始终难以落实，邦际水争端的解决机制却得到异乎寻常的关注。节水增效得到的重视本已不够，复杂的政治考虑更是导致最紧迫的农业节水反倒成了最薄弱环节。

考虑到上述症结，印度的水危机短期内必然难以缓解，其中长期前景也不容乐观。当然，极端严重的水危机也可能倒逼出更为认真、更为果敢的应对措施，其核心应包括：推进水资源一体化管理，制止各邦的恶性竞争；逐步摒弃威胁水资源可持续利用的短视政策，如泵机用电用油补贴、变相鼓励种植耗水作物的农产品收购价保障等；有效推动节水增效，特别注重提高灌溉效率，具体措施可包括推广先进灌溉技术、大量投资于灌溉工程以及改进灌溉服务等。必须指出，印度即便做出最大的努力，在最理想的状态下，仍无法在短期内扭转危机的整体恶化趋势。印度的水危机是长期形成的，其中既有自然因素，也有人为原因，危机的缓和乃至解决也必然需要长期的、持之以恒的艰苦努力。就有效应对水危机而言，印度从中央到地方的政治领导人和整个社会均任重而道远。

第四章

中印水安全领域的比较、"冲突"与合作

中印同为人口众多的发展中大国，两国资源底子薄、发展压力大的基本国情颇为类似。在水安全领域，中国同样面临着严峻挑战，也在试图有效回应挑战并实现可持续发展。对中印的水安全问题进行比较，将为两国提供有益的启迪。中印比邻而居，雅鲁藏布江等大江大河是两国的水资源纽带。对中印"水冲突"进行研究有助于促进中印关系稳定发展。随着中印关系的迅速发展，水合作可望成为中印关系新的粘合剂，必将造福于两国人民。

第一节 ｜ 中国水安全问题的现状

中国面临着水资源短缺、时空分布不均、用水效率低下和水污染严重等严峻挑战。中国政府已从宏观战略上确立了水资源的极端重要地位，正采取若干政策措施来应对水安全挑战，但只有持之以恒的艰苦努力才有可能缓解乃至战胜这些严峻挑战，对此决不能掉以轻心。以下试以较短篇幅简论中国面临的水安全挑战。

一、水资源短缺严重

中国水资源总量丰富，仅次于巴西、俄罗斯、加拿大和印尼而居全球第五，2013 年水资源总量 2.72669 万亿立方米。[①] 但中国人口总数长期居全球第一，人均资源量长期保持低位：2006 年对全世界 153 个国家人均水资源量排序，中国排第 121 位；2009 年中国人均水资源量 2079 立方米，仅为当年世界平均水平（6225 立方米/人）的 1/3；预计中国人口到 2033 年将达 15 亿，人均水资源量相应下降到 1890 立方米。[②]

中国工业化和城镇化正加速发展，对水资源构成的压力日渐增大。中国虽已是公认的制造业大国，工业用水已占 2014 年全国用水总额（6095 亿立方米）的 22.2%，[③] 但广阔的中西部地区仍亟需工业化，将来中西部的工业耗水量必将大幅上升。2014 年底，中国城市化率达到 54.77%（7.4916 亿/13.6782 亿），比上一年上升 1% 左右，[④] 同年的城乡居民用水量之比为 2.63（城市人均日用水 213 升，农村日均用水 81 升）。[⑤] 如果中国在 2030 年达到预定的城市化率目标即 70%，用水总量必随之大增。

[①] "2014 年中国水资源公报"，中国水利部网站，2015 年 8 月 28 日，第 2 页，http：//www. mwr. gov. cn/zwzc/hygb/szygb/qgszygb/201508/P020150828308618595356. docx。

[②] *Irrigation in Southern and Eastern Asia in Figures-China*，Aquastat Survey，2011，p. 10，accessible at http：//www. fao. org/nr/water/aquastat/main/index. stm.

[③] "2014 年中国水资源公报"，中国水利部网站，2015 年 8 月 28 日，第 4 页，http：//www. mwr. gov. cn/zwzc/hygb/szygb/qgszygb/201508/P020150828308618595356. docx。

[④] "2014 年国民经济和社会发展统计公报"，中国国家统计局网站，2015 年 2 月 26 日，http：//www. stats. gov. cn/tjsj/zxfb/201502/t20150226_ 685799. html。

[⑤] "2014 年中国水资源公报"，中国水利部网站，2015 年 8 月 28 日，第 4 页，http：//www. mwr. gov. cn/zwzc/hygb/szygb/qgszygb/201508/P020150828308618595356. docx。

还要注意，中国将水短缺分为资源型缺水、工程型缺水、水质型缺水和管理型缺水四大类。资源量不足只是水短缺的原因之一，中国各地还存在其他三种缺水问题，且相互交织，极为复杂。目前，水质型缺水和管理型缺水正变得越来越突出，而农村地区灌溉工程年久失修等造成的工程性缺水也有所发展。

二、水资源时空分布不均

中国水资源分布的时空不均极为突出。就空间分布而言，中国北方的黄淮海地区水资源总量仅占全国的7.2%，人均水资源量更是低至462立方米，仅相当于全国平均值的21%，但该区域的人口却占了全国的35%（4.4亿），国内生产总值同样占全国的35%。由此，北方各地普遍过度开发水资源，黄河流域开发利用率已达76%，淮河流域达53%，海河流域更是超过100%，[①] 这又导致地下水超采、地面塌陷、水质恶化等严重问题。黄河断流是对中国北方水资源过度消耗的严重警讯。1972年，黄河下游首度断流，断流河长278公里，时长19天。此后黄河又多次断流，1987年起下游开始年年断流，甚至中游部分支流也出现了断流。1997年，黄河下游长达704公里的河段完全断流达226天，1998年又断流142天，由此成为断流最严重的两年。此后中国政府采取了坚决的治理措施，才逐步缓解并初步消除了黄河断流现象。

中国水资源分布同样存在严重的时间不均衡性：降雨集中于

---

① "胡四一副部长解读《国务院关于实行最严格水资源管理制度的意见》"，中国水利部网站，2012年4月6日，http://www.mwr.gov.cn/zwzc/zcfg/jd/201204/t20120416_318845.html。

夏季，往往导致南方出现严重水灾；冬春季降雨较少，往往导致干旱。旱涝灾害每年都会造成严重的经济损失，仅 2015 年洪涝地质灾害的直接经济损失就达 920 亿元人民币，干旱造成的经济损失为 486 亿元。[①]

三、用水效率低下

中国用水效率低下，浪费极为严重。中国 2010 年每万元工业增加值的耗水量为 120 立方米，是节水先进国家的 3—4 倍。农业用水占用水总量的 65%，但效率极低，农田灌溉水有效利用系数仅 0.50，到 2014 年提升至 0.530,[②] 政府计划到 2015 年提高到 0.53 以上，到 2020 年提高到 0.55 以上，至 2030 年进一步提高到 0.6 以上。[③] 要完成这一任务必须付出巨大的努力，且这一目标仍远低于 0.7—0.8 的国际先进水平,[④] 继续提升的空间仍然很大。

四、水污染严重

中国水污染严重，江河、湖泊、水库、地下水普遍受严重污染，一半以上水功能区不达标。水利部《2014 年中国水资源公报》对全国 21.6 万公里的河流水质评价表明，全国一类至三类水河长比例为 72.8%，四类、五类和劣五类河长占 27.2%。对

---

① "2015 年国民经济和社会发展统计公报"，中国国家统计局网站，2016 年 2 月 29 日，http://www.stats.gov.cn/tjsj/zxfb/201602/t20160229_1323991.html。

② "2014 年中国水资源公报"，中国水利部网站，2015 年 8 月 28 日，第 5 页，http://www.mwr.gov.cn/zwzc/hygb/szygb/qgszygb/201508/P020150828308618595356.docx。

③ "国务院关于实行最严格水资源管理制度的意见"，中国政府网，2012 年 2 月 16 日，http://www.gov.cn/zwgk/2012-02/16/content_2067664.htm。

④ "胡四一副部长解读《国务院关于实行最严格水资源管理制度的意见》"，中国水利部网站，2012 年 4 月 6 日，http://www.mwr.gov.cn/zwzc/zcfg/jd/201204/t20120416_318845.html。

全国 121 个主要湖泊共 2.9 万平方公里水面的水质评价表明，全年总体水质为一类至三类的湖泊有 39 个，四类至五类水质湖泊 57 个，劣五类水质湖泊 25 个，分别占评价湖泊总数的 32.2%、47.1% 和 20.7%；富营养湖泊 93 个，占评价总数的 76.9%。5551 个水功能区满足水域功能目标的有 2873 个，占总数的 51.8%。在评价的 3027 个重要江河湖泊水功能区中，符合水功能区限制纳污红线主要控制指标要求的有 2056 个，达标率仅 67.9%。全国 2071 口水质监测井水质优良者仅占 0.5%、水质良好的占 14.7%、水质较差的占 48.9%、水质极差的占 35.9%。[①]

第二节 ▏中国对水安全问题的应对措施 ▏

严峻的水安全挑战促使中国认真反思从 20 世纪 50 年代到 90 年代末期流行的简单化的"人定胜天"思想，从 90 年代后期开始突出"人与自然和谐"的新型理念，逐步发展为"科学发展观"的完整表述，先后推出一系列应对措施。

一、节水增效

中国将用水效率低下视为管理型缺水的首要原因，在节水增效领域做出巨大努力，主要集中于工业节水和农业节水两大环节。中国农业节水的主要目标是将农田灌溉用水有效利用系数到

---

① "2014 年中国水资源公报"，中国水利部网站，2015 年 8 月 28 日，第 5—7 页，http://www.mwr.gov.cn/zwzc/hygb/szygb/qgszygb/201508/P020150828308618595356.docx。

2015 年、2020 年和 2030 年分别提高到 0.53、0.55 和 0.60。[1]近年来已成功地将上述系数从 2005 年的 0.5 提高到 2011 年的 0.51、2013 年的 0.523、2014 年的 0.530。其结果是单位面积农田灌溉用水从 1997 年起逐年下降，从 1997 年的每亩 492 立方米降为 2002 年的每亩 465 立方米，2007 年的 434 立方米、2011 年的 415 立方米，但 2013 年出现微小反弹，增加到 418 立方米，2014 年降至 402 立方米。更重要的是，中国在控制用水量的基础上，成功实现了粮食增产，2015 年以 3905 亿立方米左右的农业用水实现粮食产量 6.2144 亿吨，总产量全球第一。[2]中国在工业领域的节水目标是，到 2015 年将万元工业增加值耗水量相对2010 年耗水量减少 30%（按 2010 年不变价格核算），到 2020年和 2030 年分别将上述指标削减到 65 立方米和 40 立方米。工业节水领域的进展令人鼓舞，到 2015 年，中国已成功将万元工业增加值的耗水量降至 58 立方米。[3]

二、兴建水利设施

水利设施是应对工程型缺水的关键，也是应对资源型缺水的重要手段，有利于提升用水效率特别是农业用水效率，对水力发电、航运、治理水污染也有重要作用，还可控制水旱、洪涝、滑坡等涉水灾害。

中国在 1952 年首次提出"南水北调"工程的构想，2002 年

① "国务院关于实行最严格水资源管理制度的意见"，中国政府网，2012 年 2 月 16 日，http：//www. gov. cn/zwgk/2012 – 02/16/content_ 2067664. htm。

② "2015 年国民经济和社会发展统计公报"，中国国家统计局网站，2016 年 2 月 29 日，http：//www. stats. gov. cn/tjsj/zxfb/201602/t20160229_ 1323991. html。

③ "2015 年国民经济和社会发展统计公报"，中国国家统计局网站，2016 年 2 月 29 日，http：//www. stats. gov. cn/tjsj/zxfb/201602/t20160229_ 1323991. html。

正式开工。"南水北调"工程原规划有东、中、西 3 条线路，设计总调水能力每年 448 亿立方米。东线调水能力 148 亿立方米，将利用已有的长江调水工程，但要扩大其调水能力，增加其长度。中线调水能力为 130 亿立方米，始于丹江口水库，终于北京和天津，线路全长 1431.945 公里。中线 2 期工程已经完工并投入使用。原计划的西线始于长江在四川境内的支流通天河、雅砻江和大渡河，计划每年从长江流域向黄河上游调水 170 亿立方米。[①] 与东线和中线相比，西线工程情况要复杂得多，为了进行更慎重的全面评估，中国政府决定暂缓西线工程建设，至今尚未开工。

除了"南水北调"这类大工程，中国还大量投资于众多的中小型水利工程，如水库、池塘、灌渠和小水电站等。调水工程可用于应对水资源分布的空间不平衡，而水库池塘等则可有效缓解时间不平衡：夏季降水将得以留存下来，冬季或旱季就可将其利用起来。

三、生态保护与灾害控制

中国重视修复生态系统特别是水生态系统。从 1998 年开始执行的"退耕还林、退牧还草、退渔还湖"政策具有极大的现实意义。退耕还林的重点是在长江黄河上游地区恢复植被，减轻水土流失在中下游地区造成的水旱灾害。退牧还草的重点是在内蒙地区恢复草原植被，减少对华北地区的沙尘危害。2000 年 8 月，中国宣布在青海南部和西藏北部建立面积 31.8 万平方公里的三江源（长江、黄河、澜沧江）自然保护区。中国已连续十多年进行大规模生态补水，专门用于修复水生态系统，2009 年至 2014

① 工程概况可参见中国国务院南水北调工程建设委员会办公室网站，http://www.nsbd.gov.cn/zx/gcgh/。

年的 6 年间分别向生态系统补给了 103.64、120.4、111.9、108.3、110.0、103.6 亿立方米的用水量。生态补水只占用水总量的 1.7%—2.0%，[①] 占比虽不大，但绝对量并不小，且集中于生态最脆弱、亟需修复的地区，十余年来已积累了很大的存量，如能持之以恒，成效将较为明显。

四、扩大非常规水资源供给

中国已大量投资于非传统水资源领域，扩大中水[②]和雨集水利用范围，投资于海水淡化领域。工业和信息化部与国家发改委发布的《海水淡化产业十二五规划》（2011—2015）要求到 2015 年末将中国的海水淡化能力提高到每天 220 万—260 万立方米。海水淡化可望满足海岛地区一半左右的新增用水需求，以及沿海缺水地区 15% 的新增工业用水需求。政府计划将海水淡化产业的原材料和设备国产化率提高到 70% 以上。到 2015 年要指定 20 个海水淡化示范城市，还会指定部分缺水海岛为示范岛屿，以淡化水为示范岛屿的主要新增供水渠道。政府将鼓励建立海水淡化示范工业园，鼓励以淡化水为其主要用水渠道。[③] 但这一产业也面临淡化水价格较高、能耗大、公众接受度不高等制约因素，发展仍然缓慢。必须指出，海水淡化的目的并不是在短期内大量生产淡化水并以此满足庞大的用水需求，2015 年的目标产水量即 8.03 亿立方米不过是届时中国预计用水量的 0.19%。对中国来

---

① 分别见相关年份《水资源公报》，中国水利部网站，http://www.mwr.gov.cn/zwzc/hygb/szygb/。

② 指城市污水，废水经净化处理后达到国家标准，能在一定范围内使用的非饮用水，又称再生水、回用水。

③ "国务院办公厅关于加快发展海水淡化产业的意见"，中国政府网，2012 年 2 月 13 日，http://www.gov.cn/zwgk/2012－02/13/content_2065094.htm。

说，海水淡化主要是种面向未来的战略选择，因为海水的供给几乎是无穷的，将来在海水淡化领域如能实现技术与产业重大突破，必可极大地缓解乃至消除水短缺的问题。

五、管理机制改革

2011 年 8 月，中共中央召开了中央水利工作会议，胡锦涛主席和温家宝总理出席。胡锦涛主席在讲话中要求对用水模式进行根本性调整，表示中国政府已决心建设节水社会和环境友好型社会。[1] 2012 年初，国务院发布《关于实行最严格水资源管理制度的意见》，其主要原则是：加快节水型社会建设，促进水资源可持续利用和经济发展方式转变，推动经济社会发展与水资源、水环境承载能力相协调，保障经济社会长期平稳较快发展；坚持人水和谐，尊重自然规律和经济社会发展规律，处理好水资源开发与保护关系。总的指导思想是以水定需、量水而行、因水制宜。以上原则的具体体现就是"三条红线、四项制度"。水资源开发利用红线规定，要将 2030 年的全国用水总量控制在 7000 亿立方米以内；用水效率控制红线要求到 2030 年中国的用水效率达到或接近世界先进水平，万元工业增加值用水量（以 2000 年不变价格计）降低到 40 立方米以下，农田灌溉水有效利用系数提高到 0.6 以上；水功能区限制纳污红线要求到 2030 年将主要污染物入河湖总量控制在水功能区纳污能力范围之内，水功能区水质达标率要提高到 95% 以上。[2]

---

[1] "中央水利工作会议在北京举行"，新华网，2011 年 7 月 9 日，http://news. xinhuanet. com/politics/2011 –07/09/c_ 121645412. htm。

[2] "国务院关于实行最严格水资源管理制度的意见"，中国政府网，2012 年 2 月 16 日，http://www. gov. cn/zwgk/2012 –02/16/content_ 2067664. htm。

表4—1　《关于实行最严格水资源管理制度的
意见》所要求的三条红线①

年份	2015年	2020年	2030年
用水总量（亿立方米）	6350	6700	7000
万元工业增加值用水量（立方米）	比2010下降30%	65	40
农田灌溉水有效利用系数	0.53	0.55	0.6
水功能区水质达标率	60%	80%	95%

2013年1月2日，国务院发布《实行最严格水资源管理制度考核制度》，规定将年度考核和期末考核相结合，5年为1个考核期，每个考核期的第2年和第5年进行上一年的年度考核，考核期结束进行期末考核，各省份每年还要进行自查并接受国务院的重点抽查和现场检查。考核优秀的省份将全国通报表扬，在涉水项目等方面给予优先安排。评为不合格的省份需进行整改，期间将暂停其所有新建项目用水/污染物排放评估，暂停涉及主要污染物的项目环境影响评估。若再次未通过考核，相关领导将承担责任。考核结果将计入对各省、自治区、直辖市负责人的工作评估，直接影响到其升迁或降职。2014年3月启动了第一轮评估，结果于当年9月公布。②

中国建立了较为严密的水资源管理机制，包括中央政府设立水利部，各省设立水利厅局，在市县级整合涉水职权，普遍设立综合性的水务局。中国建立了较完备的流域管理体制，在中央政

---

① "国务院关于实行最严格水资源管理制度的意见"，中国政府网，2012年2月16日，http://www.gov.cn/zwgk/2012-02/16/content_2067664.htm。

② "最严格水资源管理制度考核结果公布"，中国政府网，2014月9月30日，http://www.gov.cn/xinwen/2014-09/30/content_2759444.htm。

府和各省政府之间设立了长江水利委员会等七大流域管理机构。流域机构负责会同全流域各省制定水利开发规划、协调水量分配方案和旱情紧急情况下的水量调度预案等，经国务院授权，有权进行全流域调水。①

　　总而言之，中国正采取严肃的政策措施来应对各种水安全挑战，并取得了初步成效。具体包括，第一，人均用水量在最近 3 年均维持在 450 立方米上下；第二，万元 GDP 用水量下降，从 2009 年的 165 立方米降到 2014 年的 96 立方米（当年价）；第三，农田灌溉用水有效利用系数提升，从 2005 年的 0.50 提升到 2011 年的 0.51、2013 年的 0.523、2014 年的 0.530，农业用水基本稳定；第四，工业用水持续下降，万元工业产值用水量从 2009 年的 97 立方米降到 2014 年的 59.3 立方米（当年价）；② 第五，海水淡化持续扩张，产业化程度提高，技术和物资的自主程度都在提高。当然，上述成就仍属初步进展，仍应持之以恒地努力，以确保长期与可持续的水资源安全。

第三节 ┊ 中印水安全问题的对比与启示 ┊

　　中印国情相近，地理接近，两国在水安全领域可比性极为突出，其中既有相同之处，也有巨大差异，甚至不乏同中有异之

---

　　① 《中国人民共和国水法》，第 12 条、第 45 条。《黄河水量调度条例》，2006 年 7 月 28 日，中国政府网，http：//www.gov.cn/zwgk/2006－07/28/content_ 348927.htm。林嵬、李亚楠："驯水记：治黄 13 年"，《半月谈》（内部版）2012 年第 11 期，http：//www.banyuetan.org/chcontent/sz/szgc/2012119/56299.html。

　　② "2014 年中国水资源公报"，中国水利部网站，2015 年 8 月 28 日，第 5 页，http：//www.mwr.gov.cn/zwzc/hygb/szygb/qgszygb/201508/P020150828308618595356.docx。

处，由此揭示出中印应对水危机的模式差异很大，不乏值得相互借鉴之处。对比所得出的一系列启示则揭示出应对水危机的若干普遍问题，应引起高度重视。

一、中印水安全问题的相同之处

总的来说，两国在水安全领域面临着相似的巨大挑战，但又同中有异。两国均面临水资源短缺的严峻挑战，但印度的用水缺口要大于中国。两国均处于经济社会高速发展变化的阶段，与此相伴的制造业发展、城市化、食品结构变化、人口增长等因素均会在未来若干年持续加大用水压力。

两国水资源分布不均的情况彼此类似，但空间布局大体相反：中国是南方水资源相对丰沛而北方更为缺水，因此才有"南水北调"工程；印度则是北方特别是东北水源丰富稳定而南方更为缺水，故其"内河联网计划"的核心主要是"北水南调"，辅以一定的"东水西调"。中国降水的季节性波动往往造成旱涝灾害，印度特别是其南方深受季风气候影响，季风早来或晚来半个月都可能造成严重灾害，甚至直接关系到成百上千农民的生死。

中印用水效率低下的情况也类似。比较而言，印度的情况特别是农业领域的情况比中国还要严重。以 2010 年为例，印度当年度的农业用水为 6880 亿立方米，远超中国的 3691 亿立方米，[①]在生活用水领域，印度爆管渗漏等造成的损失比中国严重，水费的有效征收也不如中国。

中印水污染的形势都极为严峻，但主因略有不同。印度制造业发展不足，工业造成的水污染比中国更为缓和。但印度污水处

① 据"2010 年中国水资源公报"计算，中国水利部网站，2012 年 4 月 26 日，http：//www. mwr. gov. cn/zwzc/hygb/szygb/qgszygb/201204/t20120426_ 319624. html。

理率比中国低，生活用水导致的污染比中国严重。对超采地下水的危害（如加剧水污染），中国已有较明确的认识，正采取措施来谋求解决；印度似乎还未充分认识到这一问题，尚未采取有力措施来有效控制地下水超采。

二、中印水安全问题的不同之处

然而，中印水安全问题的差异也是很大的，用水结构上的差别尤为显著。中印 2010 年的农业用水分别为 3691 亿立方米和 6880 亿立方米，工业用水分别为 1447.3 亿立方米和 170 亿立方米，生活用水分别为 765.8 亿立方米和 560 亿立方米。中国农业、工业和生活用水的占比分别为 61.3%、24.0% 和 12.7%，印度则分别为 91%、2% 和 7%。换言之，印度农业用水处于超高水平，单此一项就大大超过同期中国全年用水量（6021.9 亿立方米），接近中国到 2030 年的用水量控制上限。同样严重的是，印度农业用水的产出率仍然较低，2010 年耗水 6880 亿立方米的粮食产量是 2.358 亿吨，远低于中国的 5.465 亿吨。[①] 印度的工业用水远小于中国，相当于中国的 11.75%，这从侧面说明印度制造业严重不足，仍有较大发展空间。当然，中印在工业节水领域都有很多工作可以做，印度在迅速工业化的过程中需尽可能采用节水工艺，中国也需淘汰落后的耗水工艺，在中西部的工业化过程中要控制耗水产业发展，鼓励先进节水工艺。两国生活用水量差异不大，考虑到中国城市化率高出印度近 20 个百分点，中国生活用水量略高于印度不足为奇。两国用水还有个巨大不

---

① 印度粮食产量见 "India Grain Output Expected to Rise," *Wall Street Journal*, April 21, 2011, http://www.wsj.com/articles/SB10001424052748703983704576 276262425877634。中国粮食产量从中国国家统计局网站查询，参见 http://data.stats.gov.cn/easyquery.htm? cn = C01。

同，即中国每年有占用水总额约2%上下的生态补水，用于修复水生态系统，而印度则没有此项目。这反映出两国政府对水生态问题的重视程度存在差异。

尽管面临的挑战基本类似，但两国的应对方式却存在不小差异。

首先，印度仍然高度依赖地下水，而中国正采取措施减少对地下水的依赖。合理利用地下水是必然的选择，但过度开采地下水会造成严重的地质危害，对水质也会产生很大的不利影响。中印两国都高度依赖地下水，但中国已认识到地下水超采的严重危害，治理北方的地下水超采已成为中国政府的重要任务。印度似乎并未认真考虑如何减少地下水抽取量的问题，仍将地下水作为解决缺水危机的重要手段。印度构想的地下水回灌计划，首要目的并不是恢复地下水超采区的水平衡，而是要增加地下水的供给量，从而进一步加大地下水抽取力度。《提高工农业及生活用水效率指导原则》将遏制过量开采地下水视为生活用水领域节水措施之一，但对灌溉用地下水超采的问题只字不提。[①]

其次，中印都存在节水增效计划，但中国的节水目标更为具体，较为可行。而印度方面的目标更为含混，工业节水目标虽较明确，却颇有些不切实际，更无具体的落实措施，而在最关键的农业节水领域则完全没有规定具体目标。由此观之，印度节水计划中短期内恐难见实效。

再次，在管理机制改革方面，中国长期坚持水资源的流域化管理，近年来又进一步扩大了流域管理机构权限，基本实现了水

---

① *Guidelines for Improving Water Use Efficiency in Irrigation*，*Domestic & Industrial Sectors*，Central Water Commission，November，2014，p. 11.

资源一体化管理。在市县级，中国整合水资源管理和城市供水职能后普遍组建了水务局。总的说来，中国的水管理职能更为集中。印方则存在明显的分散化现象，中央政府虽设立了复杂的水务管理机制，但受制于水资源归各邦管理的宪法规定，实际作用并不理想。各邦水利管理部门在本邦之内行使水管理职能，但各邦之间相互掣肘，层层设限，横向合作严重不足。在中央政府和各邦政府之间，印度也未建立有效的流域管理机构，水资源各自为政的情况非常严重。

复次，中印在水利工程建设方面的差异也不小。两国均注重水利工程。中方既重视"南水北调"等跨流域的超大规模工程，以及大坝、水电站等大江大河水利综合开发的大型工程，也非常重视中小型水利工程如小水电、农田灌渠等。印度虽提出了全球最大的跨流域调水工程即"内河联网计划"，但长期未能落实，其具体实施可谓步履蹒跚。各邦政府对本邦内的大型水利工程总体较为重视，但相互协作困难，内耗严重。印度对小型水利设施的重视是不够的。印度北方与南方的灌溉工程分别以运河和池塘为主。麻烦的是，运河体系普遍年久失修、管理不力，导致渗漏、淤塞现象日趋严重，灌溉效率越来越低。南方的人工池塘与水库同样普遍存在淤塞严重、功能退化的问题，直接导致雨季丰沛的降水无法存储起来并得到妥善利用。要改善水利设施，印度还需更均衡地处理大型水利工程和小型工程特别是灌溉工程的关系，搞好"微循环"。

最后，中印在治理水污染方面差异明显。中国设定了全国性的水污染控制红线并定期考核，力度较大。中国高度重视水安全问题特别是农村的饮水安全，承诺在最近5年内为3000万农村居民提供合格的安全饮用水。印度也提出要治理水污染，特别是

2014 年上台的莫迪政府承诺要有效治理恒河污染，复兴母亲河。但形成对照的是，印度对其他河流的治污问题重视明显不足，对城乡生活用水的安全性仍未给予充分重视。

三、中印模式的差异

水安全领域的对策有三个支柱，即管理制度、技术手段和水利工程。中印两国均积极利用这三个支柱，但其在两国政策架构中的地位差异明显。中国一直非常重视水利工程建设（有人称之为"水利工程主义"，Hydo-Infrastructurism），但外界也夸大了水利工程在中国治水之策中的地位，其中有误解的成分，更有别有用心的成分。印度某些人热衷于讨论中国的"治水传统"，进而推论出将雅鲁藏布江改道的所谓南水北调"大西线"工程势在必行。实际上，中国对管理机制的重视程度正日渐提升，将严格管理作为节水增效、治理污染、解决管理型和水质型缺水的关键。中国政府出台了"最严格水资源管理制度"，从 2014 年开始检查全国各省（港澳台除外）对用水指标、水质指标等三条红线的执行情况。水利工程仍然重要，但其重要性正呈相对下降之势。印度对制度、工程两大要素的倚重程度基本相当，但严格的管理制度尚未跟上：高规格的全国水利委员会的职能仅限于讨论《国家水政策》文件，讨论已久的流域管理迟迟不能到位，节水机制未能建立。

中印在水管理方面的首要区别是，中国的治水思路正从以需定供的"供给方管理"转变为以供定需的"需求方管理"，而印方的实际治水模式仍以"供给方管理"为主。中国根据国民经济发展和水资源可供应量制定了到 2030 年的用水总量控制、用水效率控制和水功能区限制纳污上限，力图根据这一上限倒逼节水增效与污染控制。为保障长期目标的实现，还制定了到 2015 年和 2020 年的两个阶段性目标。反观印度，包括水利部在内的各种机构早就对未来用水量做出极为严酷的预测，也有机构提出提高用水效率的必要指标，但印方在节水增效方面行动迟缓，未见实效，反倒不断试图增加供水量。换言之，尽管不断有学者提议印度转向"需求方管理"，印方的实际做法仍体现出"供给方管理"的主导思路，其可持续性非常可疑，未来可能面临难以为继的局面。

其次，中国的治水模式以政府为中心，更为集中，偏向于一元；印度的治水模式更为分散，更为多元。中国模式的政府主导性极为突出，一方面与中国的政治体制相一致，另一方面也有其自身的合理性，因为水利投资、工程建设、力推节水增效、监督水污染治理等具体工作都需要政府发挥积极作用。大型水利工程投资巨大，建设周期长，没有政府的介入甚至连启动都有困难。小型水利设施较为灵活，但也需政策协助。节水增效措施是有利于国计民生的大计，但短期内并无实际利益可得，只有政府才能从国家的长远利益来考虑，制定促进节水增效的具体政策，并在初期采取节水补贴、高耗水罚款、节水技术引导等措施，推动各方节水。印度的治水模式与中国很不一样，最突出的是其行为主体更加多元化，特别强调公民特别是用水户参与用水管理，相当重视国内外非政府组织和政府间国际组织的积极参与。

客观地说，中印模式各有短长。中国模式强调政府职责，这确实是必须的。但过度强调政府主导，往往造成政府特别是基层政府忙于微观管理。其他利益相关方特别是用水户（个人和企业）和非政府组织参与不足，会导致治水活动的多元动力不足。这方面中国似可适当借鉴印度的经验。印方的问题恰恰相反，主要问题在于用水户、非政府组织等虽极为活跃，但政府作用严重不足，导致水管理过于分散，投资严重不足，相关主体互不配合。由此可见，中印模式确应相互学习借鉴。

再次，中国水资源管理由中央主导，可称为水利集中主义；印度将水资源管理划为各邦事务，可称为水利联邦主义。中国法律明确规定水资源属国家所有，所有权由国务院代表国家行使。实行流域管理与行政区域管理相结合的管理体制：国务院水行政主管部门负责全国水资源的统一管理和监督工作；县级以上地方人民政府水行政主管部门按照规定的权限，负责本行政区域内水资源的统一管理和监督工作。[①] 中国的问题是，中央政府居绝对主导地位，虽有利于集中统一管理，但要应对各地纷繁复杂的具体水情，则细化与差异化仍有不足，可谓集中统一有余而灵活性不足。印度的问题恰恰相反。在水利联邦主义之下，印度中央政府主要是水资源的协调者而非管理者，各邦才是水资源的真正管理者。邦政府在各自辖区内愿意积极治水，却难以开展邦际合作，跨邦的流域管理也无法实现。

最后，中国国内往往将水安全与生态环境作为一组相互联动的问题，印度则喜欢将水安全置于气候变化和气候安全的大框架内。近年来，中国越来越重视生态与环境问题，专门设立了环保部，将水污染视为水短缺的重要原因（即"水质型缺水"）。中国认为水问题是生态环境问题的重要组成部分，生态破坏必然导致严重的水安全问题。大江大河上游地区生态破坏将导致降水减少，无降水则无水源。上游生态破坏导致的水土流失会造成江河

---

① 《中华人民共和国水法》第 3 条、第 12 条，中国国务院新闻办公室网站，http://www.scio.gov.cn/xwfbh/xwbfbh/wqfbh/2015/20150331/xgbd32636/Document/1397610/1397610.htm。

淤塞，导致河道不安全，甚至引发地质灾害和洪灾。上游来水不足和河道淤塞也会威胁水利工程的安全与正常运转。生态危机导致水土涵养能力下降，地下水位随之相应下降，这又会导致地面下沉，形成地质灾害；地下水下降还可能导致咸水入侵，大大降低地下水品质，引发严重的公共健康问题。将水安全问题纳入生态问题的大框架可能与中国近三十年的迅速工业化导致环境问题加速恶化有直接关系。

印度更为重视气候变化问题，更习惯于将水安全问题与气候变化一并讨论。比如，集中规定节水增效政策目标的"国家水务构想"本身就是印度"应对气候变化国家行动计划"的八大构想之一。某种程度上说，印度力推节水增效更多地是为了应对气候变化而不完全是着眼于水问题本身。对所谓"雅鲁藏布江改道"问题，印方也特别愿意炒作其对青藏高原气候模式与生态环境的影响，认为这会影响冰川分布，直接影响到全球首先是亚洲的气候模式，引起难以预料的气候灾难。对气候变化问题的特别关注或许与印度位于热带，受季风气候严重影响有直接关系。

四、对中国的启示

印度在水安全领域的经验教训可为中国提供如下启示。首先，必须高度重视水安全问题，采取积极主动的应对措施。中印两国不能错失发展良机，但不顾资源束缚而强行推动传统的高耗水、高污染式发展，水安全状况必然迅速恶化并很快超过社会的承受力，很可能诱使国内水冲突加剧，危害公众健康，导致严重的社会动荡。对中印这种超大规模且处于转型阶段的国家而言，处理稍有不慎就会导致巨大的灾难。中印这种位于河流上中游的大国在国际水争端中的处境是较为有利的，但国际水争端加剧对地区稳定必将产生灾难性影响，中印也难以独善其身。随着社会经济的发展，水安全问题呈愈演愈烈之势，拖得越久，要有效应对就越困难。总之，对水安全问题坐视不理，就等于将国家的和平与发展乃至长治久安置于极端严重的威胁之中，只有积极主动地采取负责任、可持续、大力度的综合应对措施，才能有效缓解水安全危机。

其次，必须推动水资源管理模式从"供给方管理"向"需求方管理"转型，必须坚持节水优先、增效优先。中印都面临严峻的水安全问题。从 20 世纪 90 年代末起，中国开始持续推动节水增效，取得了初步但仍然极为宝贵的成效。实践证明，提高用水效率是缓解乃至解决水安全问题的必由之路。尽管为此必须做出极为艰苦的努力，必须牺牲部分短期利益或部门利益，看起来似乎不那么"立竿见影"或"气势宏伟"，但其长远效益是最可靠的，对国家的可持续发展、生态文明格局的塑造均会产生不可估量的积极影响。

再次，必须坚持包括水资源在内的重要资源归国家所有并由中央政府统一管理的根本制度。印度将水资源管理列为各邦事务，造成水资源管理分散、各邦相互争夺、流域管理无法实现、跨流域调水难以落实、短期利益至上、选举利益至上、水利管理机制看似复杂完备而实效欠佳等严重弊病，其教训是惨痛的。有鉴于此，对中国长期坚持的水资源国家所有、政府集中管理的大方针一定不能削弱。对这一体制的各种弊病特别是地方积极性与灵活性不足的问题，应采用各种政策措施予以补救，但绝不能放弃水资源集中统一管理的大原则，否则必然得不偿失，付出极为沉重的代价。

复次，必须坚持大江大河的流域管理。大江大河往往跨越多个行政区划，涉及上下游之间、工农业之间、城乡之间的利益分配。利益分歧和"守土有责"的行政区伦理决定了各省区难以主动顾全大局，很难站在更高的层面上统筹协调水资源分配。只有中央政府或得到其授权的流域管理机构能站在全局高度来统筹协调全流域的水资源利用。印度水危机应对乏力、国内水冲突严重的原因之一，恰恰在于缺乏有效的流域管理机构。幸运的是，中国已成功建立了一系列流域管理机构。这一体系还应与时俱进，根据水情发展进一步加强。

最后，必须坚持新型工业化，全力建设环境友好型、资源节约型社会。印度经济结构高度偏向服务业，制造业发展严重不足，在就业减贫、经济均衡发展、基础设施建设等方面均造成严重问题。印度政府已认识到发展工业的重要意义，正在谋求突破。中国东部地区已高度工业化，但中西部地区的工业化仍有很大发展空间。简言之，中印两国在工业化方面均有很大潜力有待发挥。在这一过程中，两国必须坚持新型工业化策略，走节水减污的环境友好型道路：必须尽力淘汰高耗水产能和高耗水工艺，千方百计地采用低耗水工艺；要坚决淘汰造成严重水污染的产能与工艺，采用符合环保要求的低污染工艺。只有这样，才能避开先污染后治理的弯路，才能有效应对工业发展与资源环境约束的两难困境，才能实现可持续发展。

第四节 ▎中印"水冲突"▎

中国境内的雅鲁藏布江、森格藏布（狮泉河）、朗钦藏布（象泉河）等大河流入南亚后，分别改称布拉马普特拉河、印度河和萨特累季河（印度河主要支流）。尽管中方对境内的水利开发采取了审慎且负责任的态度，印方仍表现出不理性的戒备心理，中印"水冲突"似乎已成为某些人的思维定势。

一、"雅鲁藏布江改道"及水利开发问题

印度对中国的疑虑主要集中在所谓"雅鲁藏布江改道"问题上。大约从 2002 年、2003 年起，印方学者和媒体开始频繁炒作"雅鲁藏布江改道"问题。这些人抓住中国民间人士提出的南水北调"大西线"构想，称中国正全力建设"南水北调"工程以解决华北地区严重的用水危机，其中的"大西线"将把青藏高原的雅鲁藏布江改道引往黄河上游地区，这将"非法剥夺"印度的生命之源，威胁到雅鲁藏布江下游地区 20 亿人的生存云云。[①] 有人表示，中方现在或许尚无"雅鲁藏布江改道"计划，但上游优势赋予了中国这么做的条件，中方只要愿意，随时都可改变主意。另一种观点认为，中国似乎正将改道问题作为"威胁倍增器"（threat multiplier），以此向印施压，谋求好处。[②]

印方对中国在雅鲁藏布江的水电开发颇有微词。特别是印度东北部的地方当局如阿萨姆邦和伪"阿鲁纳恰尔邦"，大肆炒作中国水利开发"导致"雅鲁藏布江水量缩减的不实之辞，呼吁各界"拯救"雅鲁藏布江。2015 年 5 月印度总理莫迪访华期间，阿萨姆首席部长先是公开呼吁莫迪与中方坦率讨论河水问题，随

---

① Uttam Kumar Sinha, "Examining China's Hydro-Behaviour: Peaceful or Assertive?" *Strategic Analysis*, 2012, No. 1, p. 42. IDSA Task Force, *Water Security for India: The External Dynamics*, New Delhi: Institute of Defense and Analysis, September, 2010, p. 89.

② P. Stobdan, "China Should not Use Water as a Threat Multiplier," IDSA Comment, October 23, 2009.

后又抨击莫迪在北京的表态不够坚决，对阿萨姆人民不公道。[①]
在各种不负责任的舆论和非政府组织的误导下，上述地区多次发生针对中国水利开发活动的示威事件，一些媒体自然又借机大肆炒作了一番。2000年，西藏自治区一座水库溃决，洪水沿雅鲁藏布江奔涌而下并进入印度实际控制区。[②] 印方对此反应强烈，此后一直强烈要求中方向印方提供更充分的水文资料、环境资料和自然灾害资料。

二、森格藏布等藏西河流水利开发问题

除雅鲁藏布江外，印度对中国在森格藏布等藏西河流的水电开发也心怀不满，认为位于印度河上游的狮泉河水电站将增加印度的脆弱性，因为中国可利用这一电站威胁下游印度地区的用水安全与国土安全。2000年8月，中国境内帕里河因山体滑坡形成堰塞湖，洪水直接影响到印度控制区，印方提出强烈抗议，批评中国未及时向印方通报险情。2004年11月，帕里河再次发生堰塞湖险情，中方及时向印方通报了情况，所幸此后险情安然解除。令人遗憾的是，印方不少人对类似的突发水情总是疑神疑鬼。一种极端的观点认为，帕里河两次出现堰塞湖，实属中方故意在上游制造人工湖，目的是将其用作对付印度的"水炸弹"，在需要的时候以定向爆破技术放出蓄水，任其奔涌而下，淹没下游的印辖区。还有人担心中国会在朗钦藏布（下游为萨特累季

---

① "PM Did Grave Injustice to People of Assam: Gogoi," *Business Standard*, May 19, 2015, http://www.business-standard.com/article/pti-stories/pm-did-grave-injustice-to-people-of-assam-gogoi-115051901448_ 1. html.

② 蓝建学："水资源安全和中印关系"，《南亚研究》2008年2期，第27页。

河）上筑坝蓄水，以备放水对付印度。[①]

必须指出，印方上述种种"疑虑"是毫无依据的。所谓南水北调"大西线"仅系民间研究人士郭开和李伶的个人设想，从未成为中国政府的官方政策。中国对跨流域大规模调水工程的总体态度是积极而又审慎的。实际上，出于生态、水利、经济效益等方面的复杂考虑，原定 2010 年开工的"南水北调"西线工程已无限期推迟，所谓"大西线"更是完全无从谈起。中国政府已多次公开表示并无相关计划，原水利部长汪恕诚等多次公开对"大西线"设想表达反对乃至强烈批判的态度。[②]

更何况，所谓"大西线"对中国有效解决水安全问题的帮助极为有限，潜在风险反倒很大，不容丝毫忽视。中国面临的水安全问题极为复杂，具体包括水短缺、水分布不均、水污染和用水效率低下等，水短缺又分为资源型、管理型、水质型和工程型 4 种。将雅鲁藏布江引向黄河上游，充其量只能有限地缓解西北地区的资源型缺水，缓解西南和西北之间的水资源不均，但对管理型、水质型和工程型缺水的全局却无能为力，更无力解决全国性的水污染和用水效率低下等问题。与此同时，对这一工程在生态、环境等方面的影响，至今仍无令人信服的研究，故必须慎之又慎。

更何况，中国在跨境水资源问题上的态度一向是负责而审慎的，

---

① P. K. Gautam，"Sino-Indian Water Issues，"*Strategic Analysis*，No. 6，2008，pp. 969，972.

② "技术上不可行 汪恕诚再次否决大西线调水方案"，《新京报》2007 年 3 月 14 日。"汪恕诚：大西线工程不需要、不可行、不科学"，《南方周末》2011 年 6 月 30 日，http：//www. nsbd. gov. cn/zx/rdht/201107/t20110701_ 187339. html。"中国没有计划从雅鲁藏布江调水"，《羊城晚报》2009 年 5 月 26 日，http：//www. ycwb. com/ePaper/ycwb/html/2009 - 05/26/content_ 507551. htm。"水利部：中国目前没有雅鲁藏布江引水工程计划"，新华网，2011 年 10 月 13 日，http：//news. xinhuanet. com/society/2011 - 10/13/c_ 122153872. htm。

一直高度重视兼顾各方合法合理权益，积极营建并维护和平稳定发展的周边安全大局。需要指出的是，印媒正是在其国内热议"内河联网计划"的 2002 年前后开始热炒"雅鲁藏布江改道"问题的，不能排除这是要给印度自己的调水计划打掩护。最后还要指出，所谓中国有意在上游蓄水来为难甚至威胁印度的说法纯属毫无根据的主观臆测，恰恰反映了某些势力"推己及人"的阴暗心理。

三、印方策略

印度国内对中印"水争端"的看法存在差异。总体而言，政府的态度比某些媒体或智库更为务实，中央政府比地方政府更为稳健，执政党比反对党更为周全。鉴于中印关系的复杂历史与现状，印度当局即执政党对中印之间的"水资源问题"也表现出矛盾态度：一方面怀有较深的疑虑，试图以各种方式制约中方；另一方面仍愿保持中印关系大局稳定，避免过度刺激中方。情绪纠结的印度政府多年来反复向中方提出涉及青藏高原水资源的各种问题，要求中方澄清信息、保证不危害印方利益、交换水文资料等。中方也充分照顾印方作为下游国家的不安全心理，一再澄清无雅鲁藏布江改道计划，[1] 积极向印方提供河流汛期水文资料，配合处置应急事件。这种积极态度也在很大程度上得到印度政府的承认。曼·辛格总理曾在议会公开表示，信任中方关于在雅鲁藏布江建设的藏木水电站不会损害印度利益的保证。[2] 在 2014 年

---

[1] "中国没有计划从雅鲁藏布江调水"，《羊城晚报》2009 年 5 月 26 日。"水利部：中国目前没有雅鲁藏布江引水工程计划"，新华网，2011 年 10 月 13 日，http://news.xinhuanet.com/society/2011-10/13/c_122153872.htm。

[2] "We Trust China on Dam: Manmohan Singh," *Times of India*, August 5, 2011, http://timesofindia.indiatimes.com/india/We-trust-China-on-dam-Manmohan-Singh/articleshow/9486696.cms.

9 月和 2015 年 5 月发表的两份《中印联合声明》中，印方均对中国向印度提供汛期水文资料和在应急事件处置方面的协助表示感谢。①

印方朝野都认识到，中印水问题仍处于无法可依的状态：两国对《联合国国际水道非航行使用法公约》分别持反对和弃权态度；② 两国间未签署任何涉水条约，仅就水文资料交换签有协议。因此，印方多次建议与中方签订正式的、有约束力的"中印水资源条约"。综合印度学者与智库的观点可知，印方认为签订"中印水资源条约"对自身有三利：一是可将中印水文资料交换固定化；二是可将水资源分配问题法律化、固定化；三是可借条约将水资源管理机制化，借此对青藏高原水资源实现常态化、机制化、固定化、法理化的有效管理。研究人员还建议印度当局密切跟踪中国与中亚、东南亚等邻国的涉水法律安排，以便为印度争取最有利的条件。可以预见，将来印方还会继续向中方反复提出签约要求。

与印度政府尚属稳健的公开表态相比，印度智库和媒体表现出更强的对抗心态。不少研究人员主张将中印"水争端"区域化，借外力来制衡中国。印度主要防务问题智库"国防分析研究所"建议向最下游的孟加拉国讲清楚"雅鲁藏布江改道"的巨大"危害"；甚至设想联合孟加拉国、不丹、尼泊尔等流域国，

---

① 《中华人民共和国和印度共和国关于构建更加紧密的发展伙伴关系的联合声明》，新华网，2014 年 9 月 19 日，http://news.xinhuanet.com/world/2014 – 09/19/c_ 1112555977. htm。《中华人民共和国和印度共和国联合声明》，新华网，2015 年 5 月 15 日，http：//news. xinhuanet. com/2015 –05/15/c_ 1115301080. htm。

② 1997 年 5 月通过的《联合国国际水道非航行使用法公约》规定了无害利用原则和相互磋商原则，但公约的严苛规定引起很多上游国家不安，直到 17 年后的 2014 年 5 月才达到公约生效所要求的最低数目即 30 个，90 天后的同年 8 月 17 日，公约开始生效。

建立以印度为首的水资源联合阵线；还建议印方与大湄公河区域国家相互通气、相互支持。还有人主张将中方视为印度河水问题的第三方（中国位于最上游），认为这种做法有三利：一可避免孤立，将藏西诸河开发问题从中印双边层面提升到中印巴三边乃至地区层面，凸显中方水利开发的国际影响，帮助印方摆脱长期以来单独与中方交涉而又无计可施的孤立局面；二可转移矛盾，其在印度河水系上游的水利开发若再遭巴方反对，印方就可拿中方做挡箭牌，挫败巴方于无形之中；三可离间中巴，争取在两国间制造裂痕，扩大矛盾，从中渔利。①

还有人主张将西藏水资源国际化，建议当局公开宣传西藏是"亚洲水塔"，是亚洲各国的生命线，西藏之水不仅属于中国，更属于全人类；散布"雅鲁藏布江改道"将危害西藏生态安全，影响冰川分布，对全球首先是亚洲的气候变化产生直接影响的言论；攻击"雅鲁藏布江改道"违反国际法的基本原则与宗旨，是对国际和平与国际法的严重侵犯；更有人主张要推动国际河流法律机制改革，对中国西藏的水资源实现共管。② 稍微温和一点儿的说法是，联合国际社会和下游国家与中国交涉，将西藏之水界定为"公有之物"（commons），迫使中国与下游国家特别是印度就水资源问题进行有约束力的全面对话。③

更恶劣的是，印方居然有人建议当局积极鼓励流亡印度的达赖集团出面热炒"雅鲁藏布江改道"对西藏自然生态、人居环

---

① IDSA Task Force, *Water Security for India*: *The External Dynamics*, New Delhi: Institute of Defense and Analysis, September, 2010, p. 42.

② IDSA Task Force, *Water Security for India*: *The External Dynamics*, New Delhi: Institute of Defense and Analysis, September, 2010, pp. 48–51.

③ Uttam Kumar Sinha, *Riverine Neighbourhood*: *Hydro-politics in South Asia*, New Delhi: Pentagon Press, 2016, pp. 126–128.

境、民族文化传统等方面的危害，借此推销对西藏水资源实行国际共管的主张。[1] 当然，明眼人都知道这一设想未免过于脱离实际，所以又有人建议印度政府直接出面，将跨境河流问题与"西藏问题"明确挂钩，借"西藏问题"来迫使中国在跨境河流方面满足印方要求。[2]

另一个较为普遍的主张是，抢先开发雅鲁藏布江水资源，造成有利于印方的既成事实，其利益有四：一是可获用水实利；二是可以中方的后续水利开发会损害印方的已有开发为由，反对中方的开发活动；三是可以此为筹码，在可能的雅鲁藏布江联合开发中提高要价；四是借此引入亚洲开发银行等国际势力，将问题"国际化"。[3] 印度要从雅鲁藏布江流域大规模引水甚至调水，必将面临下游的孟加拉国及印国内各方特别是东北地区及伪"阿鲁纳恰尔邦"的强烈反对，推进起来困难重重。对印度来说，近期比较现实的是水电开发活动。据印媒报道，印方正推动在雅鲁藏布江建造"西昂河水电站"，[4] 对此事及类似工程的进展和影响，还应持续关注，深入研究。

四、中方对策建议

对潜在的中印"水争端"，中方应客观评估，分清重点，采取有针对性的应对措施。首先要实事求是、综合全面地统筹西藏

---

[1] IDSA Task Force, *Water Security for India*: *The External Dynamics*, New Delhi: Institute of Defense and Analysis, September, 2010, p. 51.

[2] "India-China Riparian Relations: Towards Rationality," IDSA website, January 16, 2015, http://idsa. in/event/IndiaChinaRiparianRelations_ uksinha. html.

[3] IDSA Task Force, *Water Security for India*: *The External Dynamics*, New Delhi: Institute of Defense and Analysis, September, 2010, p. 51.

[4] 胡学萃："雅鲁藏布江之争"，《中国能源报》2012 年 6 月 27 日，http://www. chinapower. com. cn/newsarticle/1161/new1161781. asp.

的水利开发。西藏的人口增长和经济发展必然会导致用水量和用电量大幅增长，因此对青藏高原的水利水电资源进行适度开发是正当、合理而必要的。同时，必须从国家民族生存发展的高度，坚决保障水资源的可持续利用，坚决维护生态安全。对于没有研究清楚的事情、国内没有达成共识的事情，宁愿慎之又慎，也不能操之过急。前文已指出，将雅鲁藏布江引向黄河上游的设想，充其量只能有限度地缓解西北地区的资源型缺水，缓解西南和西北之间的水资源不均，但对管理型、水质型和工程型缺水的全局却无能为力，更无力解决全国性的水污染和用水效率低下等问题。与此同时，对该工程在生态、环境等方面的影响，至今仍没有令人信服的研究，故必须慎之又慎，决不能轻举妄动。

其次，应继续交换水文信息，同时审慎研究"条约化"的问题。作为下游国家，印度因防洪、正常用水等原因希望获得某些水文资料，这一需求可以理解，也应得到支持。但在"条约化"的问题上，中方应保持必要的警惕，宜加以深入研究，目前和未来相当长的时间内都不宜表示支持，具体原因有三个。一是印方态度可疑。综观印方研究与提议签订"中印水资源条约"的主旨，并不仅仅限于将中印水资源分配法律化、固定化，更是要借条约建立水资源管理机制，甚至在客观上管制中国辖境内的水资源。这是任何主权国家（包括印度自己）都不会接受的。二是一纸条约并不足以保障水安全与地区稳定。历史事实已经说明，水条约是相关国家强烈合作意愿的产物而不是其原因。一纸条约远不足以维护水安全，在政治意愿不足的情况下，条约的执行、解释等问题反倒可能催生新的争端。印度执行涉水条约的记录也确实难以让人放心。尽管印度与巴基斯坦、尼泊尔和孟加拉国均签有涉水条约，但执行过程中无一例外地遇到各种各样甚至异常严峻的问题。[①] 三是双边条约无法解决多边乃至地区问题。印方提议的这一条约必将直接牵涉同样位于印度河流域或雅鲁藏布江流域的巴基斯坦和孟加拉国，乃至尼泊尔、不丹等国。相关各方国情各异、关系复杂，与中印两国的关系更是错综复杂。特别是孟加拉国高度依赖雅鲁藏布江，人口、环境压力很大，其国力又远逊于中印两国，心态极为敏感，这当然也是可以理解的。这种复杂的地区问题并不能简单地由中印两国来解决。

再次，应就跨界河流上的水利建设提前做好沟通。这里要强调的是，沟通应该是双向的而不是单向的。据印度多家媒体报道，印度国家水电公司（NHPC）已完成在伪"阿鲁纳恰尔邦"的雅鲁藏布江建造"西昂河水电站"的预可行性研究报告。该水电站设计装机容量将达 9750 兆瓦，预计耗时 10—20 年完工，耗资 1 万亿卢比，将成为南亚最大的水电站。[②] 据披露，这一工程的蓄水可能淹没实控线中方一侧的大片土地，但印方并未通报工程的具体情况，更没有征求中方意见。印方单方面要求中方向其通报跨境河流上的水利建设，却不对等地向中方及时通报类似信息，这显然无助于两国的涉水互信与合作，将来应加以矫正。

最后，除了与印度保持沟通外，中国还应积极接触地区各国，包括孟加拉国、尼泊尔、不丹、巴基斯坦等。孟加拉国位于雅鲁藏布江最下游，其生存发展严重依赖境外水资源，对上游国家的任何涉水动向都极为关心。尼泊尔、不丹也有河流汇入雅鲁藏布江，与其息息相关。中国应积极与各国特别是孟主动沟通，表达致力于维护各国用水安全的善意，以免因某些势力别有用心

---

① 详见第二章第二节。

② 胡学萃："雅鲁藏布江之争"，《中国能源报》2012 年 6 月 27 日，http://www.chinapower.com.cn/newsarticle/1161/new1161781.asp。

的不实宣传而陷入被动，令问题复杂化。

第五节 ｜ 对中印水合作的构想 ｜

尽管中印之间有一股"水争端"的潜流，但两国合作的潜力更为巨大，面临共同危机的中印两国理应携起手来，共同努力解决严峻而复杂的水安全问题。这种合作既不应停留在纯原则性的宣言或声明阶段，也不应成为脱离实际而不具可操作性的激进设想，只能脚踏实地，先易后难，循序渐进，务求实效。

一、雅鲁藏布江水利联合开发中短期均不具可行性

近年来，中印双方都有学者提议两国联合开发雅鲁藏布江水利资源。上述设想的出发点或许是好的，但要落实下来则非常困难，其原因有四点。第一，在中印边界划界和领土争端尚未解决的情况下，联合开发雅鲁藏布江水资源无从下手，反而会令局势进一步复杂化，甚至可能被印方用于巩固其在争议地段的地位。第二，印度国内围绕东北地区特别是布拉马普特拉河水资源开发存在激烈争议，远未达成共识，中方卷入只会令局势更为复杂，甚至成为替罪羔羊。第三，任何联合开发必须充分尊重位于下游且严重依赖雅鲁藏布江水资源的孟加拉国。作为负责任大国，中印两国应充分尊重孟加拉国合法合理的关切。但中印孟三边合作极为复杂，中短期内很难操作。第四，联合开发的技术条件不成熟，所涉及地区的配套设施（特别是交通条件和输电设施）严重不足，相关知识技术储备欠缺，对合作开发可能产生的生态、水文、地质影响均缺乏研究。由于以上原因，在可预见的将来，中印联合开发雅鲁藏布江水利资源将难见实效，不具有可行性。

二、涉水科研与政策研究合作

既然跨境河流的联合开发有困难，两国就需要超越只关注跨境河流的思维定势，在更广阔的领域积极探索务实合作。在这一视野之下，涉水科研与政策研究合作可成为一个重点领域。"科学技术是第一生产力"的判断同样适用于水资源领域，节水科技合作可成为中印涉水合作的亮点，因为全面提高工业、农业和生活领域的用水效率是有效应对供水不足的根本途径。在两国工业化和城市化加速发展的大背景下，中印还应深入从事水污染防治技术、城市污水处理技术的联合研究，帮助两国积极应对水污染问题，有效缓解水短缺（减少水污染一定程度上就相当于增加水供给），探索出一条新型城市化、节水型工业化的发展新路。

解决水问题既需先进适用的技术手段，更需符合实际的政策措施，从这个角度来说，涉水政策甚至比涉水科技更为重要。中印联合开展涉水政策研究特别是水资源管理方面的研究将有效帮助两国缓解严重的管理型缺水。例如，为了鼓励用水户参与灌溉用水的管理，提高灌溉用水效率，中印均在农村大量建立用水户协会（Water User Association），但其运作仍存在各种问题。中方有信息表明，部分用水户协会难以足额收取水费已间接损害了其他用水户权益，危害到协会的管理效能。印度部分用水户协会过于依赖外部资源，自我维持能力不足，同样面临严峻挑战。[①] 这些共通的问题应得到两国社科工作者的深入研究。水价问题值得两国学者重点研究。普遍承认合理的水价是鼓励节水的最有效手段之一，但定价方案是个极为复杂的棘手问题：既要充分保障大

---

① V. Ratna Reddy, *Water Security and Management*: *Ecological Imperatives and Policy Options*, New Delhi: Academic Foundation, 2009, pp. 100 – 101.

多数居民特别是低收入居民的合理用水权益，又要有效遏制超过合理水平的过度耗水。中印对此开展联合研究必然大有可为。两国相互学习、相互借鉴，必将对各自制定合理的水政策发挥重要参考作用。

三、涉水经济合作

中印经济合作潜力巨大，两国贸易潜力尚待充分开发，投资与产业合作潜力巨大，特别是中国愿意积极在印度的制造业和基础设施领域投资。以上都为中印涉水行业，如节水、治污、水利基础设施建设等领域的有效合作提供了巨大机会。两国可鼓励相关企业相互对接，扩大涉水机械、设备、物资等方面的贸易，更应积极鼓励对方在节水治污领域广泛投资：中方在印投资可有效利用印度价格较低而素质相对较高的劳动力资源，印方则可设法尽快打入巨大的中国市场并力争成为市场领先者。中国有一批世界领先的水利开发规划机构和水利建设企业，能高水平地承担各种大中小型水利工程的建设任务，服务价格极富竞争力，能有效满足印方建设基础设施、缓解工程型缺水的迫切需求。

四、涉水国际合作

中印同系亚洲主要跨境河流的上中游国家，两国能否有效应对水危机将对亚洲的安全、稳定与发展产生巨大影响。中印两国水资源消耗量极大，两国的积极行动对全球有效节水、可持续发展、应对气候变化等方面的联合行动同样极端重要。中印成功应对水危机将极大地鼓励其他用水大国采取类似的必要措施，若失败不仅将在中印两国国内导致一场灾难，更会在全世界产生极为严重的影响。

　　有鉴于此，在国际性的涉水磋商和气候变化问题谈判中，中印完全可以相互协作，向发达国家争取更公正、更合理的国际安排。中印应联合起来，在各种场合理直气壮地要求发达国家向中印提供必要的技术、资金与管理经验支持，帮助两国应对水安全问题。这方面可优先考虑与节水治污方面的领先国家磋商：美国用水效率并不高，这个唯一超级大国未必是两国首选的合作对象；欧洲、日本及以色列的用水效率较高、节水技术与产业也较为发达，值得重点关注。考虑到地理接近性和在生态/气候问题上的关联性，与日本进行涉水磋商与合作可成为两国的优先领域。

　　中印两国均面临严峻的水安全问题，亟需相互合作，共同应对水安全问题。中印合作的前提是超越"稀缺—冲突"范式。应该认识到，资源稀缺只是种客观状况，根据不同的应对策略，既可能导致合作，也可导致冲突。因此，中印两国应表现出足够的战略远见，克服短期利益冲动，认真探索各种形式的涉水合作，两国学者、媒体和政策研究人员亟需围绕这一问题进行深入研究，为具体的政策措施提供必要的智力支持。展望未来，中印涉水合作的前景无疑极为广阔，令人期待。

第五章

印度能源安全：现状与挑战

能源可谓国家经济发展和社会进步与稳定的关键要素，其重要性毋庸多言。对印度这样的新兴市场国家而言，经济增速与能源消费联系尤为密切。

印度经济高速增长的背后是迅速扩大的能源消费。印度目前已成为全球第四大能源消费国，对煤炭、石油与天然气、电力、核能、新能源等形成了巨大压力。

2014 年 5 月，纳伦德拉·莫迪组建新一届印度政府，将经济发展确定为首要施政目标。2014—2015 财年，印度国内生产总值增速超过中国，达到 7.3%，[①] 之后也保持了相近增速。印度媒体援引官方及经济学界的观点认为，印度国内生产总值增速到 2016 年最后一季度将升至 7.9%，成为全世界增速最快的经济体。[②] 此处暂不讨论如此的高增速是否系莫迪政府新经济政策的直接效果，我们可以明确的是，印度取得并计划保持上述高增速的背后，是日益增长的巨大能源消费。目前，印度已经成为继美

---

① 据 2015 年 5 月 29 日印度中央统计局公布的数据，http://mospi.nic.in/Mospi_New/upload/nad_press_release_29may15.pdf。

② "GDP: At 7.6%, India's Growth Points to Fastest Growing Large Economy", *Indian Express*, June 1, 2016.

国、中国、俄罗斯之后的世界第四大能源消费国。

2014 年 1 月，英国石油公司（BP）发表《全球能源展望》，预测印度 2035 年的能源消费将比 2012 年增长 132%，增速超过中国（71%）、巴西（71%）和俄罗斯（20%），在金砖国家中居首位。该公司在 2016 版《全球能源展望》中指出，中国和印度的经济增长基本已占当前全球经济增长的半数，中国能源需求的增长正迅速减缓，但印度的情况正相反：到 2035 年，印度能源需求的增长将占全球总需求增长的四分之一。[1] 国际能源署（IEA）在其 2015 年《全球能源展望》中也专门强调，印度已经站到世界能源的舞台中心，当前的印度已进入能源消费高速增长期。[2]

经济增长是能源需求的主要驱动力。根据印度经济在过去一年的表现，印度未来的能源消费与能源需求很可能高于上述预期。然而，印度除煤炭以外的不可再生能源蕴藏量均极为稀缺，兼之国内的各种问题，直接导致数年来印度能源总供给量增速缓慢，无法满足市场需求。换言之，能源问题将成为决定印度经济能否继续高速增长，并最终实现可持续发展的瓶颈。印度在"十二五"计划（2012—2017 年）中明确提出：印度已成为世界第四大能源消费国，但较之其他三国，印度的国内能源仍处于不足状态。因此，印度必须充分利用国内一切可资利用的能源（煤炭、石油、水利资源、其他可再生能源等）并维持必要的进口，来满足国内经济发展的需求。提供保持 8%—9% 的 GDP 增长率所需的能源，确保广大民众以合理价格获得生活所必需的能源，是印度当前及未来相当时期内均不得不面对的重大挑战。本章将

---

① *BP Energy Outlook* 2016 *Edition*：*Outlook to* 2035.

② 国际能源署 "*World Energy Outlook* 2015"。

具体讨论印度所倚重的各类主要能源的基本情况与面临的主要问题。

第一节 ║ 煤炭[①] ║

一、煤炭储量

印度全国煤炭储量相对丰富，占全球煤炭总储量的 7% 左右。印度地质调查局 2014 年 4 月 1 日公布数据，表明印度全国煤炭总储量约 3015.6 亿吨，主要分布在贾坎德邦、奥里萨邦、恰蒂斯加尔邦、西孟加拉邦、中央邦、安得拉邦和马哈拉施特拉邦。

表 5—1　印度主要产煤邦储量（亿吨）[②]

邦名	已探明储量	推定储量	推测储量	总储量
西孟加拉邦	13403	13022	4893	31318
贾坎德邦	41377	32780	6559	80716
比哈尔邦	0	0	160	160
中央邦	10411	12382	2879	25673
恰蒂斯加尔邦	16052	33253	3228	52533
北方邦	884	178	0	1062
马哈拉施特拉邦	5667	3186	2110	10964
奥里萨邦	27791	37873	9408	75073
安德拉邦	9729	9670	3068	22468

---

① 本节数据未特别说明者均来自印度煤炭部 2014—2015 财年年度报告与 2015—2016 财年年度报告。

② 2014 年 4 月 1 日，印度地质调查局（Geological Survey of India）公布数据。

续表

邦名	已探明储量	推定储量	推测储量	总储量
阿萨姆邦	465	47	3	515
锡金邦	0	58	43	101
梅加拉亚邦	89	17	471	576
那加兰邦	9	0	307	315
其他	31	40	19	90
合计	125908	142506	33148	301564

注：推定储量（Indicated Reserves）指部分根据实际的观测、取样和开采资料，部分根据合理的地质推断所计算出的矿产储量。通常，由于受观测、取样条件等因素限制，推定储量的规模、形态及品位均无法精确确定。推测储量（Inferred Reserves）指在对矿床进行概略地质研究的基础上，通过地质推断或与类似矿床的对比，在观测、取样资料很少的情况下所估计的矿产储量，包括那些有充分地质依据，证明其存在的隐伏矿体所拥有的储量。

印度煤炭主要是烟煤，灰分高，硫分和磷分低，煤矿床集中分布于东南部 1/4 的国土，主要煤田沿主要河谷分布，呈孤立盆地。全国主要煤田超过 50 个，可采煤层厚度从 0.5 米到 160 米不等。

二、煤炭供给、需求与进口

尽管印度煤炭储量丰富，但其产量一直不足，主要原因将在下文专门讨论。印度过去 4 个财年年均煤炭产量增速约 5.37%：2011—2012 财年的实际煤炭产量为 5.3995 亿吨，2012—2013 财年为 5.5640 亿吨，2013—2014 财年为 5.6577 亿吨，2014—2015 财年为 6.1244 亿吨。印度煤炭部预计，全国 2015—2016 年将产煤 7 亿吨，2015 年 4 月至 12 月的实际产量已达 4.4748 亿吨，比上个财年同期增长 9.1%。据国际能源署在 2015 年《世界能源展望》中预测，到 2020 年印度将成为世界第二大煤炭生产国。①

印度煤炭有限公司（Coal India Limited，CIL）是印度国内最大的煤炭生产商，也是世界主要煤炭生产商之一，在印度煤炭供给市场占据垄断地位。该公司在 2015 年 4 月至 12 月的实际产量为 3.7348 亿吨，2014—2015 财年实际产量为 4.9423 亿吨，2013—2014 财年为 4.6241 亿吨，2012—2013 财年为 4.5221 亿吨，2011—2012 财年为 4.3584 亿吨。

在需求方面，印度煤炭部估计 2015—2016 财年全国煤炭总需求为 9.1 亿吨，2015 年 4 月至 12 月实际需求为 5.7457 吨，2014—2015 财年为 8.2032 亿吨，2013—2014 财年为 7.3969 亿吨，2012—2013 财年为 7.1339 亿吨，2011—2012 财年为 6.3873 亿吨，多年年均煤炭需求增速超过 7.22%。以上两组数据对照可得，印度年度煤炭供给与需求存在明显缺口，且呈不断扩大趋势。

在印度，煤炭主要用于发电、炼钢、制铁、水泥生产、化肥生产及家庭燃料等。火力发电是印度煤炭的最主要用途：印度煤炭部估计 2015—2016 财年全国用于发电的煤炭总量为 6.73 亿吨，2015 年 4 月至 12 月实际用量为 3.5675 亿吨，2014—2015 财年实际用量为 4.6973 亿吨，2013—2014 财年为 5.2474 亿吨，2012—2013 财年为 5.1248 亿吨，2011—2012 财年为 4.5895 亿吨。在过去 4 年，发电用煤炭占比已达印度年煤炭总需求的 74% 以上。换个角度看，煤炭也是印度主要的发电燃料：2013 年，

---

① *World Energy Outlook* 2015，IEA.

印度煤炭发电厂总装机容量达到 130221 兆瓦，占全国总装机容量的 59% 以上；据目前情况来分析，煤炭在未来 20 年内将继续保持在该领域的主导地位，直到印度找到更为经济的替代品。

综上所述，由于发电及其他工业用途，煤炭当前及未来相当一段时间在印度能源总需求中的比重将保持在 50% 以上，印度对煤炭需求的增长速度亦将保持世界第一。

长期以来，印度煤炭供给与需求的缺口一直不断扩大，而弥补这一缺口的直接方法就是煤炭进口。印度的煤炭进口近 15 年来一直呈上升趋势，从 2002—2003 财年的 2330 万吨，一直增加到 2012—2013 财年的 1.375 亿吨，占印度煤炭总需求的比例亦由 6.43% 猛增至 19.5% 左右。[1] 印度政府本来估计 2014—2015 财年的煤炭进口量为 1.4328 亿吨，但实际进口量达到 2.121 亿吨；政府预测 2015—2016 财年的进口量可控制在 2.1003 亿吨，但 2015 年 4 月至 10 月半年间的进口量已达 1.1168 亿吨。印度计划委员会曾估计，印度煤炭进口将在"十二五"计划结束之年（2016—2017 财年）达到 1.98 亿吨。看来这个预测显然低估了进口增速。国际能源署预测，印度到 2020 年将成为世界最大的煤炭进口国，排在日本、欧盟、中国之前。[2] 这一预测看来是较有依据的。

印度煤炭的主要进口来源是澳大利亚和印度尼西亚：澳大利亚提供了印度超过 75% 的焦煤进口，而印度尼西亚则提供了超过 80% 的非焦煤进口。南非、美国、加拿大、新西兰、莫桑比克为其他主要进口来源，占有约 20% 的比例。

---

[1] 2013 年印度煤炭部工作报告《近期煤炭进出口趋势》（*Recent Trends in Production and Import of Coal in India*）。

[2] *World Energy Outlook* 2015，IEA.

三、煤炭产业的主要问题

印度是世界主要煤炭储地之一（国际能源署认为印度的储量仅次于美国、俄罗斯、中国，居世界第四位），其年煤炭产量居世界第三位（中国和美国分别居第一、第二位），但印度却无法实现煤炭自给自足，近 1/5 的煤炭需求必须依靠进口解决，更不要说出口创汇了。如此的尴尬局面源于国内外的多种因素。

第一，缺乏完善的国内煤炭市场。尽管印度经济的基本性质是市场经济，印度政府在管理、协调国内经济运作时通常也遵循自由主义原则，但印度国内至今仍不具有真正意义上的煤炭市场。煤炭生产企业无法自由地在市场上按市场价格机制定价售煤。煤炭交易，更准确地说是煤炭的分配，必须严格遵照行政指令进行。所有的交易必须通过煤炭联系委员会（Coal Linkage Committee）或分配筛选委员会（Screening Committee）进行。这样的"市场"毫无效率，寻租行为充斥，很多煤炭企业被迫利用黑市进行交易。

印度煤炭公司（CIL）自 1975 年建立以来一直保持着在印度煤炭市场的垄断地位。该公司系印度中央政府在 1975 年 11 月收回所有私人煤矿后建立起来的大型国有企业，下属 7 个全资煤炭生产分公司和 1 个采矿计划与咨询公司，拥有 81 个矿场，在莫桑比克还控股"印非煤炭有限公司"（Coal India Africana Limitada，CIAL），就规模而言可以说是全世界最大的煤炭生产企业。印度煤炭有限公司的煤炭年产量占印度全国年产量的 81.1%，可独自满足印度 40% 的主要商业能源需求，已控制印度煤炭市场的 74%，并且为印度全国 86 家火力发电厂（使用煤炭燃料）中的 82 家提供燃料。长期的市场垄断地位让印度煤炭有限公司逐步丧失了提升生产效率和市场竞争力的动力。2012 年，国际能源署在《世界能源展望》报告中尖锐地指出，印度煤矿的生产效率仅为南非煤矿的 1/3、美国的 1/10。[①] 印度煤炭公司对市场的长期垄断进一步给本来就效率不足的煤炭市场造成严重伤害，严重妨碍了市场机制发挥其应有作用。

第二，生产技术与交通运输相对落后。印度煤炭生产在国际上占有重要地位，但其煤炭生产技术仍相对落后；印度煤炭公司拥有自己的研发机构，但在足以跻身国际领先水平的技术与专利方面依然乏善可陈。在全国范围内，直接隶属于煤炭部秘书的科学研究执行委员会（The Standing Scientific Research Committee）负责相关生产技术的研发。2013—2014 财年，印度煤炭部实际研发经费为 1.176 亿卢比，仅约合 1176 万人民币；2014—2015 财年，研发经费增长到 1.616 亿卢比，仍仅约合 1616 万人民币。

运力不足是印度煤炭生产出来后立即就会面临的关键问题。据印度煤炭公司和辛格雷尼煤矿有限公司（The Singareni Collieries Company Limited，印度第二大国有煤炭生产企业）统计，两家公司煤炭和煤炭制品的主要运输方式是铁路和公路交通，特别是铁路在两家公司的运输体系中所占比重分别高达 56% 和 64.66%。铁路运输主要有两方面的问题：一方面，印度的铁路网络设备老旧、调度效率低、缺乏高速列车，煤炭运输效率为此大打折扣；另一方面，在印度铁路体系中，客运列车与货运列车共享铁道，而客运永远占据优先地位。如此一来，本来就有限的运力更是大打折扣。印度煤炭部计划在 2015—2016 财年花费 7.5 亿卢比用于煤产区的基础设施建设，重点涉及连接煤炭产区

---

① *World Energy Outlook* 2012，IEA.

与发电厂的专门货运铁道建设，但要实质性改变运力不足的现状，上述经费投入和项目设置仍远远不够。

第三，政府部门效率低下、相互掣肘。印度政府部门向来以效率低下著称，这一传统问题亦给印度煤炭产业带来了巨大麻烦。在印度，煤炭的勘探、开采、运输、分配分属不同部委或同一部委的不同部门管理，而这些政府机构之间缺乏协调，令出多门，相互掣肘，效率很低。在印度进行煤矿生产须获得能源、环境甚至社会管理部门的批准。具体而言，煤炭企业从煤炭部获得开采许可后，必须从环境部艰难获得环境保护许可，然后才能开工。印度煤炭部数次公开指责来自环境与森林部的限制是煤炭生产连续多年无法达到预期指标的主因。

1992 年以来，印度煤炭部对国内煤炭生产进行了局部改革，逐步允许私人企业进入煤炭生产领域，从事自销煤矿开采，[①] 以提升整体煤炭生产能力。但由于企业申请程序繁琐、政府提供的矿区质量低下、政府配套服务严重不足等问题，真正依据政策从事煤矿开采的私企寥寥可数，生产状况也极为惨淡。煤炭部甚至发现，在将矿区分配给私人企业 5 年后，不少企业仍未申请开采执照，更不用说实际投产了。

第四，重要配套法律条文更新缓慢。开采新的煤矿，从事煤炭生产是非常复杂的过程，需经过收购土地、申请开采权、移民、再安置当地居民等步骤。上述进程皆牵涉繁琐的法律进程，需要权威而合理的法律条文予以保障。目前，唯一涉及煤产区土地收购的重要法律即 1957 年的《煤产区收购与发展法》已无法满足煤炭产业发展的需要。莫迪总理执政后大力推动 2013 年

---

① 自销煤矿开采，在印度主要指发电企业直接从事煤矿开采，并将所获煤炭用于自己的发电过程。

《土地收购法》的修改，该修正案一定程度上可为当前煤炭产业的征地活动提供法律保障；但修正案两次在人民院批准后折戟于联邦院，短期内顺利通过并发挥效应的前景远非乐观。即使法案顺利通过，其本身也并非专为煤炭产业所设计，能在多大程度上给予煤炭业必要的法律支持仍存较大疑问。重新讨论并制定专门的《煤产区收购与发展法》修正案的问题，目前看来仍遥遥无期。

第五，进口煤炭影响。印度的国内煤炭生产与煤炭进口间的关系非常奇特：一方面，国内煤炭供给不足使得印度不得不从国外进口煤炭，进口总量已占全国总需求的1/5；另一方面，国外煤炭的进口又在一定程度上挤压了国内煤炭的生产。据国际能源署统计，自2011年起，国际市场煤炭价格总体呈下降趋势；页岩气的规模化生产及2014年国际原油价格大幅下降，进一步拉低了国际市场的煤炭价格；近年来国际海运费用下降也有助于降低进口煤炭的价格。在此背景下，考虑到国外煤炭的高生产率，从国外进口煤炭较之在国内开采煤炭更具成本优势。值得注意的是，印度最大的煤炭进口供应国——澳大利亚和印度尼西亚预计到2035年将分别扩大57%和54%的煤炭出口能力，印度很有可能随之提高从上述两国的煤炭进口量，这对其国内煤炭生产也会构成巨大的外部压力。

煤炭是印度目前最重要的能源之一，煤炭消费占印度国内主要商业能源消费的一半以上，其在印度电力部门的主导作用更是不可忽视。但主要由于内在的体制问题，印度频繁面临煤炭供给危机。在2014年煤炭供给最为缺乏的时候，全印1/4燃煤火电厂的煤炭库存只够使用4天甚至更少，不少发电厂因燃料不足而被迫停止发电。如果本届莫迪政府不能从根本上解决煤炭产业的

痼疾，解决煤炭供应危机，印度经济的可持续发展将遭遇重大
挫折。

<h2 style="text-align:center">第二节 ｜ 石油与天然气① ｜</h2>

一、油气储量、生产与消费

印度的油气储量极为有限。印度政府 2014 年估算其国内已
探明原油储量约 7.6274 亿吨：储量居首位的西部海区（Western
Offshore）的海底原油储量占全国总储量的 43% 左右，第二位的
阿萨姆邦占 23%，第三位的古吉拉特邦约占 18%，第四位的东
部海区（Eastern Offshore）占 7% 左右，位于第五、第六位的拉
贾斯坦邦和泰米尔纳杜邦各占 6% 和 1%。②

当前印度天然气总储量约 14271.5 亿立方米：东部海区海底
天然气储量居首位，占总储量的约 37%；第二位是西部海区，
占总储量的 30%；第三位是阿萨姆邦，占总储量的 10%。③

印度辖境内有 26 个沉积盆地，面积约 314 万平方公里。其
中陆上沉积盆地与海底沉积盆地（400 米等深线以内海底）的面
积约 184 万平方公里，400 米等深线以外深海区域海底沉积盆地
面积约 130 万平方公里。印度将境内沉积盆地划为 5 类：等级一
包含 7 个沉积盆地（Cambay，Assam Shelf，Mumbai Offshore，
Krishna Godavari，Cauvery，Assam Arakan Fold Belt，Rajasthan），

---

① 本节数据除专门标注外，皆援引印度石油与天然气部 2014—2015 财年年度
报告与 2015—2016 财年年度报告。

② *Energy Statistics* 2015，Central Statistics Office，Ministry of Statistics and Pro-
gramme Implementation，Government of India.

③ *Energy Statistics* 2015，Central Statistics Office，Ministry of Statistics and Pro-
gramme Implementation，Government of India.

总面积53.25万平方公里，可进行商业生产；等级二包含3个沉积盆地（Kutch, Mahanadi-NEC, Andaman-Nicobar），总面积18.2万平方公里，已探明油气储量，但尚未进行商业生产；等级三包含6个沉积盆地（Himalayan Foreland, Ganga, Vindhyan, Saurashtra, Kerala-Konkan-Lakshadweep, Bengal），总面积66万平方公里，从地理学角度已探明存在油气储量；等级四包含10个沉积盆地（Karewa, Spiti-Zanskar, Satpura-South Rewa-Damodar, Narmada, Decan Syneclise, Bhima-Kaladgi, Cuddapah, Pranhita-Godavari, Bastar, Chhattisgarh），总面积46.12万平方公里，类比分析认为此区域应存在油气储量，但尚未得到充分证明；等级五为深海地区，总面积129.9万平方公里，涵盖东西部海岸400米等深线到专属经济区的广泛海域。目前，印度的国产油气基本上从等级一的7个沉积盆地及深海地区开采。

受国内原油储量、石油企业自身经营等问题限制，印度的原油生产一直处于较低水平，世界排名长期徘徊在24名左右，且自2012年起开始出现减产趋势，过去5年的原油年产量平均降幅为0.12%。2015年4月至12月，印度全国原油总产量2795.2万吨；2014—2015财年全国实际原油总产量3746.1万吨，2013—2014财年为3778.8万吨，2012—2013财年为3786.2万吨，2011—2012财年为3808.6万吨，2010—2011财年为3768.5万吨。

印度的天然气生产形势也不容乐观。2015年4月至12月的全国天然气开采量为89.8百万标准立方米每天（MMSCMD），2014—2015财年全国天然气开采量为92.2百万标准立方米每天，2013—2014财年为97百万标准立方米每天，2012—2013财年为111.4百万标准立方米每天，2011—2012财年为130.3百万标准立方米每天，2010—2011 财年为 143.1 百万标准立方米每天。从上述数据可以看出，尽管印度政府高度重视国内天然气生产，但过去 5 年的天然气生产一直呈下降趋势，年均降幅达 7.1%。

在印度，国有企业在石油和天然气生产中占据主导地位。印度石油天然气有限公司（ONGC）正式成立于 1993 年 6 月 23 日，注册资本高达 1500 亿卢比，其中印度政府控股 68.94%，是亚洲第 5、世界第 21 位的能源企业。该公司的原油产量占国内总产量的 69% 左右，其天然气产量占国内总产量的 62%。

在印度政府统计与计划执行部的分类中，原油消费量主要指原油精炼的吞吐量。根据该部已公布数据：2013—2014 财年印度原油消费总量为 22250 万吨，2012—2013 财年为 21921 万吨，2011—2012 财年为 20412 万吨，2010—2011 财年为 19699 万吨。对比上文有关印度原油产量的分析可知，印度年原油需求与供给之间存在巨大缺口，考虑到原油消费量年均增长率（4.13%）大大高于产量年均增长率（0.7%），这一缺口还有进一步大幅扩大的趋势。

不过，印度的天然气供需是基本平衡的。据统计和计划执行部统计：印度在 2013—2014 财年的天然气消费量为 346.4 亿立方米，2012—2013 财年为 397.8 亿立方米，2011—2012 财年为 464.8 亿立方米，2010—2011 财年为 512.5 亿立方米。

二、炼油与石油制品的供需

印度炼油能力居全球第四位，仅次于美国、中国、俄罗斯，已成为全球主要炼油中心之一，其炼油能力已从 1998 年的每年 6200 万吨增至每年 21506.6 万吨。目前，印度有 22 座炼油厂，其中 17 座为国有企业，占主导地位，3 座为私有企业，2 座为合资企业。印度的炼油能力已超过国内消费需求，剩余石油制品全部用于出口。

印度政府计划 2014—2015 财年生产石油制品 21935.3 万吨，比上一财年的年产量即 22075.6 万吨稍有下降。实际上，2014 年 4 月至 12 月的石油制品产量为 16539.2 万吨，比 2013 年同期增长 0.17%。2012—2013 财年的石油制品年产量为 21773.6 万吨，2011—2012 财年为 20320.2 万吨，2010—2011 财年为 19482.1 万吨。印度国内石油制品年产量总体呈现稳定增长趋势，年均增长率达 4.6%。

消费方面，印度政府预计 2014—2015 财年国内消费石油制品 16317.1 万吨，比 2013—2014 财年的 15819.7 万吨增加 3.14%。实际上，2014 年 4 月至 12 月的石油制品消费量为 15819.7 万吨，比 2013 年同期增长了 4%。2012—2013 财年石油制品年消费量为 15705.76 万吨，2011—2012 财年为 14813.2 万吨，2010—2011 财年为 14104 万吨。印度国内石油制品年消费亦以年均 3.5% 的增速稳定增长。

三、原油与石油制品出口

如上所述，印度国内原油产量与需求量存在巨大缺口，为了满足国内需要，印度每年必须进口大量原油。印度政府预计 2014—2015 财年进口原油 18964.8 万吨，仅比 2013—2014 财年的 18923.8 万吨增长 0.22%，而 2014 年 4 月至 12 月实际原油进口量为 14223.6 万吨，增速与预期相同。值得注意的是，由于国际原油市场价格下降（2013 年 4 月至 12 月国际原油价格为 105.47 美元每桶，2014 年同期下降至 94.69 美元每桶），原油进口额反而减少了 10.22%。2013—2014 财年原油进口总量为 18923.8 万吨，2012—2013 财年原油进口总量为 18479.5 万吨，2011—2012 财年原油进口总量为 17172.9 万吨，2010—2011 财年原油进口总量为 16359.5 万吨。

石油制品的情况比较复杂：印度在出口石油制品的同时也进口石油制品，但总的来说呈顺差态势。2014 年 4 月至 12 月，印度进口石油制品 1497.9 万吨，价值 5919.7 亿卢比，按量计比 2013 年同期增长 22.59%，按价计则比 2013 年同期增长 9.74%。另一方面，2014 年 4 月至 12 月，印度出口石油制品 4892.1 万吨，价值 24080.3 亿卢比，在数量上比 2013 年同期减少 7.04%，在价值上比 2013 年同期减少 14.64%。石油制品进出口趋势如表 5—2 所示。

表 5—2　近年来印度石油制品进出口趋势（万吨）

时间	石油制品进口	石油制品出口
2010—2011 年	1737.9	5907.7
2011—2012 年	1584.9	6083.7
2012—2013 年	1577.4	6340.8
2013—2014 年	1671.8	6786.4

四、海外油气生产与国际合作

国内油气储量低是限制印度油气生产的关键瓶颈，也造成印度对油气进口的巨大依赖，导致其油气供应时刻受到国际油气市场变动的影响。为了稳定油气来源，突破油气生产瓶颈，印度政府综合采取了各种国际合作措施：一是与油气资源丰富的国家开展政府层面的对话，全力谋求与其合作开采油气资源；二是积极参与国际能源多边对话，提升印度在能源领域的国际地位与话语权；三是积极参与国际能源论坛活动，重点关注原油市场的透明度及定价机制；四是购买海外油气资产，提升海外油气生产能力；五是与国际能源机构建立合作关系，共同开展技术研发并分享重要数据。此外，印度政府积极鼓励国有与私有油气企业积极推行"走出去"战略，与油气产地企业建立合作关系，或直接购买油气开发权，有效推动海外油气生产。目前，印度油气企业已在 24 个国家开展相关业务，这些国家包括澳大利亚、阿塞拜疆、孟加拉国、巴西、加拿大、哥伦比亚、东帝汶、加蓬、印度尼西亚、伊朗、伊拉克、哈萨克斯坦、利比亚、莫桑比克、缅甸、新西兰、尼日利亚、俄罗斯、南苏丹、苏丹、叙利亚、美国、委内瑞拉和越南。2014 年 4 月至 12 月，印度主要油气企业已在海外投资超过 837.227 亿卢比。

印度石油天然气有限公司海外投资公司（ONGC Videsh）是印度开展海外油气生产和国际合作的最主要公司。该公司在 17 个国家开展了 36 个开采项目：哥伦比亚有 8 个，缅甸有 4 个，阿塞拜疆、越南、俄罗斯、苏丹、南苏丹、叙利亚、孟加拉国、巴西和委内瑞拉各有 2 个，伊朗、伊拉克、利比亚、莫桑比克、哈萨克斯坦和新西兰各有 1 个。其在 10 个国家内的 13 个项目已经投入商业生产，包括俄罗斯的 Sakhalin - 1 项目和帝国能源项目、叙利亚的 Al-Furat 石油公司、越南的 Block 06.1 项目、哥伦比亚的 MECL 项目、苏丹的大尼罗河石油开采公司、南苏丹的大先锋开采公司和 Sudd 石油开采公司、委内瑞拉的 San Cristobal 项目、巴西的 BC - 10 项目、阿塞拜疆的 ACG 项目、缅甸的 Block A - 1 项目和 A3 项目。2013—2014 财年印度石油天然气有限公司海外投资公司共生产原油 548.6 万吨、天然气 28.71 亿立方米。2014 年 4 月至 12 月原油产量为 413.5 万吨、天然气产量为 24.17 亿立方米。2014—2015 财年该公司预计生产原油 518.4 万吨、天然气 26.3 亿立方米。

印度邻国多富含天然气，因此印度政府将建立跨国管道从邻国进口天然气作为油气国际合作的重要组成部分。目前，除计划从俄罗斯铺设管道进口天然气外，印度政府还计划启动 4 条管道：土库曼斯坦—阿富汗—巴基斯坦—印度（TAPI）、伊朗—巴基斯坦—印度（IPI）、伊朗/阿曼—南古吉拉特（SAGE，该管道为海底管道）、缅甸—孟加拉国—印度（MBI）。由于地缘政治及安全因素，上述管道项目进展甚微，但在未来数年仍将是印度政府的重点推动事项。

五、煤层气与页岩气

煤层气又称煤层甲烷，系煤炭的伴生矿产资源，指的是储存在煤层中（主要吸附在煤基质颗粒表面，部分游离于煤孔隙中或溶解于煤层水中）以甲烷为主要成分的烃类气体。该气体属于非常规天然气，热值与天然气相当，是通用煤的 2—5 倍，可以和天然气混合使用，燃烧后非常清洁，可用于工业、发电及民用。印度拥有全球总储量 7% 的煤炭，煤层气储量亦相应充沛。印度政府已将大力开发煤层气作为逐步解决印度油气生产缺口的重要途径之一。

据印度政府石油与天然气部估算，印度现有煤层气储量达 25994.8 亿立方米，主要分布在贾坎德邦（7220.8 亿立方米）、拉贾斯坦邦（3596.2 亿立方米）、古吉拉特邦（3511.3 亿立方米）、奥里萨邦（2435.2 亿立方米）、恰蒂斯加尔邦（2406.9 亿立方米）、中央邦（2180.4 亿立方米）、西孟加拉邦（2180.4 亿立方米）、泰米尔纳杜邦（1047.7亿立方米）、安得拉邦（991.1亿立方米）和马哈拉施特拉邦（339.8亿立方米）。

　　煤层气的开采对技术与设备的要求很高，尽管印度拥有丰富的煤层气储量，但相关开发进行得较晚。2007年7月，印度大东部能源有限公司（GEECL）开始在西孟加拉邦拉尼甘季南矿区着手进行煤层气的商业开采，其产量目前已达到35万标准立方米每天。其他主要煤层气开采公司，如Essar石油有限公司在西孟加拉邦拉尼甘季东矿区的煤层气产量达22万标准立方米每天。总的来说，印度国内煤层气的开采仍处起步阶段，离真正投入商业应用的日子还很遥远。

　　为了鼓励企业加大对煤层气开采及相关研发的投入，在该领域引入竞争机制，同时吸引外国资本及技术进入，改变国内煤层气开采的落后局面，印度政府在2001年5月首次对煤层气矿区开采权进行拍卖。到目前为止，印度政府已经面向国有企业、私人企业、合资企业进行了四轮开采权拍卖，涉及安得拉邦、阿萨姆邦、恰蒂斯加尔邦、古吉拉特邦、贾坎德邦、中央邦、马哈拉施特拉邦、奥里萨邦、拉贾斯坦邦、泰米尔纳杜邦和西孟加拉邦的30个煤层气矿区。

　　页岩气和煤层气均被视为重要的非常规油气资源。页岩气即储存在页岩层可供开采的天然气资源，具有开采寿命长和生产周期长的优点，目前美国和加拿大已实现页岩气的商业开发。在美国突破技术瓶颈，成功实现页岩气开发后，印度政府同样把在该领域实现突破确定为其油气开采领域的重要发展目标。

　　印度拥有丰富的页岩气储量：印度石油与天然气有限公司（ONGC）估计印度的页岩气主要存在于5个沉积盆地（Cambay Onland, Ganga Valley, Assam & Assam Arakan, Krishna Godavari

Onland，Cauvery Onland），总储量达 53094 亿立方米〔187.5 万亿立方英尺（TCF）〕。美国地质勘探局（USGS）估计印度页岩气的总储量达 1727 亿立方米（6.1 万亿立方英尺），分布在 Cambay Onland，Krishna Godavari Onland，Cauvery Onland 等处。

2013 年 10 月 14 日，印度政府颁发了"在提名制度下由国有石油公司开采、开发页岩气与页岩油的政策指导"，规定页岩气与页岩油的开发必须由获得相关执照的国有企业来进行。根据这一政策，印度石油天然气有限公司在古吉拉特邦的 Cambay 盆地钻探了印度第一口页岩气/页岩油矿井。但由于各种难以解决的技术与政策难题，印度至今尚未实现页岩气的商业开采。

六、战略原油储备

印度是世界主要原油进口国，面对变化莫测的国际原油市场，印度政府不得不考虑如何有效应对短期原油供应冲击，保障原油供应不间断，有效平抑国内石油制品价格异常波动。战略原油储备是目前各国普遍采取的主要措施，也是印度的重要对策。

印度政府计划建立 530 万吨的战略原油储备，分储在 3 个地点：维沙卡帕特南（Visakhapatnam）存储 100 万吨、曼加罗尔（Mangalore）存储 150 万吨、帕杜尔（Padur）存储 250 万吨。印度斯坦石油公司被政府特许长期保留 30 万吨原油储备。目前维沙卡帕特南战略原油储备点已经开始工作，曼加罗尔的战略原油储备点 2016 年 10 月 12 日正式投入使用，帕杜尔的战略原油储备点 2016 年底才能完工。

根据印度政府的行政命令，印度石油发展委员会（OIDB）附属的印度战略石油储备有限公司（ISPRL）全权负责印度战略原油储备的管理与使用，该公司所有运营经费皆由印度政府提供。由印度石油与天然气部秘书领导的部委间责任委员会（由中央政府相关 7 个部委的秘书组成）将根据国际原油供给、国际原油价格波动等情况决定是否动用战略原油储备，而印度战略石油储备有限公司的所有运营活动必须得到该委员会的授权。

七、石油与天然气产业的主要问题

碳氢燃料（石油与天然气）在印度产业化进程中的关键作用不容忽视，但由于自然禀赋先天不足（印度碳氢燃料总储量仅占全球总储量的 0.5%）以及内外机制的影响，印度石油与天然气产业的未来发展面临着极为严峻的挑战。

第一，国内原油生产滞后。自"十一五"计划以来，印度国内原油产量一直呈下降趋势。"十一五"期间，印度政府原计划扭转原油减产的局面，将国内原油生产能力提至 80 万桶每天，但"十一五"结束之年（2012 年）的国内原油生产能力仅 71.1万桶每天。根据计划委员会在制订"十五"计划时的估算，2012—2035 年印度国内原油生产能力将由 90 万桶每天下降至 60万桶每天。石油勘探与开采产业是资本高度密集型产业，需持续投入巨额资本，用于保持现有油田的生产率并开发新油田。印度国内绝大多数油田已经是成熟油田，产量呈下降趋势，要提高国内产量就必须在地质和地理条件恶劣的地区开发新油田，而在这些地区进行勘探与开发需要更大的资本投入，但印度目前在该产业的投入尚不能满足需求。值得注意的是，印度政府对国内燃油市场进行补贴，上游勘探与开采企业必须按政府指导向下游企业提供优惠价格。自 2004 年以来，上游企业因提供优惠价格共计损失了 200 亿美元利润，如果将这些利润全部投入境内和海外油田开发，每年本来有可能增产原油 1500 万—2000 万吨。据估算，印度石油勘探开采企业要保持正常运作并获得足够用于再投资的利润，需确保其售出原油的净可变现价格（net realizable price）不低于 65 美元每桶，但印度政府要求上述企业每桶原油必须提供 56 美元优惠。鉴于国际原油价格近年来在 100 美元上下波动，上述净可变现价格很难实现，也就是说石油勘探开采企业难以获得自身生存与发展所必需的利润。更麻烦的是，当前印度原油储量仅约 7.6274 亿吨，如果保持每年 3800 万吨的开采速度，印度自身储量仅能坚持 20 年。

第二，国内石油需求增长迅速。相较于原油生产的缩减，印度国内对石油的需求量一直呈上升趋势。根据国际能源署预测，2011—2035 年印度石油需求年均增长 3.6%，增速世界第一。印度国内石油需求迅速增长的原因：一是机动车辆数量增长，根据"十二五"计划报告，印度 2010—2011 财年拥有车辆 1300 万辆，每年消费石油 900 万吨，之后每年预计增加 100 万辆，到 2035 年预计印度将拥有汽车 1500 万辆；二是燃料使用效率低下，大量石油燃料被浪费；三是家庭石油燃料（主要是煤油、柴油）消费迅速增长。

第三，原油进口花费巨大。据印度计划委员会估计，到 2017 年，印度原油需求的 78% 需要通过进口来满足；到 2035 年，印度原油进口将占原油总需求的 90%，达 250 万桶每天。如果保持目前的石油消费量，历史积累的石油进口费用将成为印度经济发展不得不承受的巨大负担。

第四，天然气市场缺陷突出，无法在天然气生产、分配方面发挥经济引导作用。其主要体现：一是天然气短缺与再分配政策缺乏效率，严重干扰了天然气市场的正常运行；二是政府给予补贴、规定价格上限、各种不合理的地区法规均减弱了天然气市场的活力；三是基础设施薄弱，缺乏合格的管道运输，限制了天然气发展；四是私人投资不足，天然气的勘探开采及运输分配仍主要由国有企业垄断。

源于自身油气资源的限制，印度油气对外依存度长期处于相当高的水平，油气供应已成为印度经济可持续发展的"阿喀琉斯之踵"，也是本届政府必须解决的关键问题之一。

第三节 ┃ 电 力 ┃

一、基本情况

电力被印度政府视为最重要的能源形式之一，既是经济发展亦是人民日常生活的必需。纳伦德拉·莫迪总理2014年5月执政以来，将发展制造业、建立智慧城市（Smart City）等确定为重要施政目标。电力在上述进程中可发挥关键作用，其重要性被提升至前所未有的高度，印度的电力部门也随之面临着各种前所未有的挑战。

印度电力生产主要依靠煤电，据印度中央电力管理局（Central Electricity Authority）2016年9月30日统计，[①] 全国发电站装机总容量为306358.25兆瓦：基于煤炭的发电站装机总容量处于第一位，达187252.88兆瓦，占61.12%；水力发电装机总容量处于第二位，达43112.43兆瓦，占14.07%；基于天然气的发电站装机总容量位列第三，达25057.13兆瓦，占8.2%，核能发电、风力发电等在印度电力生产也占有一定比例，下文将进一

①　"All India Installed Capacity of Power Stations（as on 30. 09. 2016），" Central Electricity Authority，India.

步阐述。

印度电力产业由中央和邦共同管理：电力部、中央电力管理局、国家电网公司等负责制定全国性电力产业政策，协调全国电力生产、运输和消费等，运营中央直管发电站和大型发电公司，修建与维护中央输电基础设施；邦电力局则负责运营各邦发电站和邦内独立发电公司，也负责邦内输电、变电、配电项目的运行与建设。

印度全国包含五大电网：北部电网（装机总容量 80862.58 兆瓦），西部电网（装机总容量 108856.91 兆瓦），南部电网（装机总容量 77391.71 兆瓦），东部电网（装机总容量 35620.38 兆瓦），东北部电网（装机总容量 3575.52 兆瓦）。①印度电网电压则分 132kV、220kV、400kV、500kV（直流）和 765kV 五种。

二、电力生产与消费

在印度国内，电力生产主要由国有企业、私有企业、外资公司承担，尽管近年来外国及国内私人资本对电力产业投资逐步加大，但国有企业的主导地位在可预见的未来仍无法撼动。如上文所示，印度全国发电总装机容量已达 306358.25 兆瓦，但由于可用燃料不足、管理效率低下等原因，实际供电能力却相对有限。2013—2014 财年，印度全国公有发电站总共生产电力 1022614 千兆瓦小时，非公有发电站总共生产电力 156642 千兆瓦小时，总发电量达 1179256 千兆瓦小时，自 2005—2006 财年以来基本

---

① "All India Installed Capacity of Power Stations（as on 30.09.2016），" Central Electricity Authority, India.

按照年均 6.01% 的速度稳步增长。[1]

电力消费自 2005—2006 财年以来一直保持年均 8.84% 的增长率。以 2013—2014 财年为例，电力消费总量为 882592 千兆瓦小时：其中工业用电 386872 千兆瓦小时，占总消费量的 43.83%；农业用电 159144 千兆瓦小时，占总消费量的 18.03%；家庭用电 198246 千兆瓦小时，占总消费量的 22.46%；商业用电 76968 千兆瓦小时，占总消费量的 8.72%；电力牵引车与铁路用电 15182 千兆瓦小时，占总消费量的 1.72%。[2] 需注意的是，印度电力的传输损耗极为严重：仅 2013—2014 财年一年就有 23.04%（226009 千兆瓦小时）的电力传输在过程中损失，可谓浪费惊人。

电力消费不等同于电力需求，印度一直是缺电国家，真实电力需求远高于实际电力消费。2013—2014 财年峰值实际电力最大需求为 135918 兆瓦，2014—2015 财年实际电力最大需求增加了 9%，达 148166 兆瓦。[3] 可见，电力的消费和需求间的缺口非常大。

三、电力传输与分配

如前所述，印度全国拥有五大电网，截至 2013 年 12 月 31 日，随着 Raichur - Sholapur 765 千伏输电线路建成并投入试运转，印度终于实现了将五大电网并网的目标，构成了统一的国家

---

① *Energy Statistics* 2015, "Electricity Generated from Utilities, Distributed, Sold and Lost in India," Central Statistics Office, Ministry of Statistics and Programme Implementation, Government of India.

② *Energy Statistics* 2015, "Consumption of Electricity by Sectors in India," Central Statistics Office, Ministry of Statistics and Programme Implementation, Government of India.

③ *Growth of Electricity Sector in India From* 1947—2015, Ministry of Power, India.

电网。到 2014 年 12 月 31 日，连接五大电网的国家电网总输电能力达到 46450 兆瓦，而印度电力部计划在"十二五"计划的收官之年即 2016—2017 财年，将国家电网的输送能力提升至 72250 兆瓦。

　　印度各邦通过邦内的国有企业和私人企业修建、管理、运营地方输电线路，而连接各邦以及五大电网的输电线路主干则基本由印度国家电网公司（Power Grid Corporation of India Limited）负责。印度国家电网公司是国有企业，隶属电力部，市值 9650.4 亿卢比，印度政府控股 57.9%。公司业务范围涵盖输电线路的规划设计、修建制造、管理维护，特别是国家电网以及五大地区电网的相关工作。据印度电力部统计，截至 2014 年 12 月 31 日，印度国家电网公司共拥有 930 条主要输电线路，总长度达 113587.21 公里，188 个变电站，总输送能力达 219579.2 兆伏安，[①] 日常承担了全国 50% 以上的电力输送。当前，为了满足地方独立发电厂的需求，印度国家电网公司已启动总值 7500 亿卢比的 11 条大容量输电走廊的建设计划，计划将发电资源丰富的昌迪加尔、奥里萨邦、中央邦、锡金邦、贾坎德邦、泰米尔纳杜邦以及安得拉邦以最有效率的方式与国家电网连接起来。除此之外，为减少输送损耗，保护环境，"十二五"计划期间，国家电网公司应政府要求将公司业务重点投入新技术研发和智慧电网（Smart Grid）建设：目前，公司正在研发 ±800 千伏高压直流输电项目和 1200 千伏特高压交流输电项目，已铺设并成功运行了 2000 公里 ±800 千伏高压直流输电线路（该线路为全世界目前最长的 ±800 千伏高压直流输电线路），全世界电压最高的特高压

---

　　① "Transmission Line Status and Transformation Capacity," Ministry of Power, India. http：//powermin. nic. in/transmission-line-status-transformation-capacity.

交流输电线路——1200 千伏单回路和双回路测试线路已成功通过实验，正在进一步测试。

在印度，电力的分配是个涉及政治、经济、社会等多领域的复杂问题，也是印度多年来难以解决的痼疾之一。今日印度供电中断频繁发生，即使大城市也不能避免；更糟糕的是，大约 3 亿人口（主要居住在边远农村地区）基本无法使用电力。印度法律规定，将电力分配至最终使用者的权利和责任全归属于地方政府，中央政府只能以建立相关机构、制订计划等方式协助地方政府做好电力分配工作，却无权插手具体安排。这样的架构为中央政府与地方政府，以及各地方政府之间不可调和的矛盾冲突埋下了隐患，下文将予以详细阐述，此处仅介绍印度中央政府目前正在推行的主要分配计划。

综合电力发展计划（Integrated Power Development Scheme）于 2014 年 11 月 20 日启动，预计总经费支出 3261.2 亿卢比，其中 2535.4 亿卢比由中央政府财政提供。该计划的主要目的是确保印度城市每周 7 天、每天 24 小时不间断供电。其主要内容：一是加强城市区域二次输电网络和分配网络的建设；二是在城市区域全面实现用仪表控制变压器、馈电线路和用户；三是将 IT 技术引入电力分配部门以加强分配网络建设。

乌帕迪雅亚计划（Deendayal Upadhyaya Gram Jyoti Yojana）启动于 2014 年 11 月 20 日，预计总经费支出 4403.3 亿卢比，中央政府财政提供其中 3345.3 亿卢比。该计划的主要目的是确保印度农村地区每周 7 天、每天 24 小时不间断供电。其主要内容：一是将农业馈电线路与非农业馈电线路分离；二是加强农村地区二次输电网络和分配网络的建设；三是在农村地区全面实现用仪表控制变压器、馈电线路和用户；四是实现农村电气化。

财务重组计划（Financial Restructuring Scheme）启动于 2012 年 10 月，主要针对地方政府电力分配公司，具体做法即中央政府以过渡融资机制重组上述公司短期债务，改善其财务状况。

此外，为了促进对分配部门的投资，印度政府在 2012 年 3 月设立了国家电力基金（National Electricity Fund），向提供给电力分配公司的贷款提供利息补贴，鼓励金融机构注资电力分配企业。

四、电力产业的主要问题

印度政府对电力的重要性有着非常清楚的认识，也逐年增加在该领域的资本投入与政策投入。但实际效果如何呢？2012 年 7 月 30—31 日，印度连续发生两次全国性大面积停电，东部、北部、东北部超过 20 个邦陷入电力瘫痪，全国近一半地区停电，停电地区人口超过 6 亿，全国超过 300 列火车停运，首都新德里的地铁也全部停运，公路交通出现大面积拥堵，银行系统陷入瘫痪。此次印度大停电创造了停电面积最广、影响人口最多的多个世界第一。此外，如前文所述，印度尚有近 3 亿人基本无法用电。如此局面，源于印度电力产业自身的重大缺陷和问题。

第一，电力供应不足。据印度电力部统计，印度全国发电厂总装机容量已达 272502.95 兆瓦，但以 2013—2014 财年为例，年总发电量仅 1179256 千兆瓦小时；基于煤炭的发电站总装机容量达 165257.88 兆瓦，占 60.6%，但由于煤炭行业自身的问题，煤电厂长期面临着煤炭供应紧张的难题，无法满负荷运转。

第二，电价体系扭曲，市场调节功能完全失效。一方面，各邦政府与独立发电厂签订的上网电价仅参考燃料供应正常时的基本发电成本，但实际成本往往大幅偏离上述最低成本。以煤电厂为例，一旦国产煤炭供应紧缺（这一情况经常发生），独立煤电厂就会面临要么开工不足，要么使用高价进口煤炭的局面，发电成本将高于售电价格。另一方面，城市消费电价与农村消费电价由各邦电力监管委员会制定，邦政府出于选举政治的考虑，为取悦选民而不惜过度调低电价，以低于购电成本的低价售电，造成购电公司持续亏损。

第三，产业投资不足。由于电价体系的严重缺陷，各邦的发电厂、配电公司均面临高额亏损，难以进行正常的设备维护、升级和扩容，更不用说进一步的投资。除电价过低外，印度国内偷电现象非常严重，约80%的电力损失是偷电造成的；地方政府出于政治考虑，对偷电行为持不作为态度，导致企业蒙受巨额经济损失。在此种情况下，私人资本对投资电力产业态度犹豫，不愿过多投入；国有企业为日常运营维护而疲于奔命，扩大投资几成奢求。

莫迪总理雄心勃勃地向全世界提出了"印度制造"的口号，制造业的发展离不开电力的充分保障；新一届政府为赢得选民支持，承诺提高普通民众生活水平，生活用电得到保障是生活水平提高的重要体现之一。每一个在印度游历过的人，都会为其电力供应的糟糕表现所震撼：居民区电线私拉乱接形成层层"蛛网"，即使在首都电力供应中断也见惯不惊，每个企业都有自己的备用柴油发电机。综合考虑上述各种情况可知，本届政府解决电力问题的成败将直接决定印度能否成功搭上稳定发展的快车，实现其国家发展战略目标。

第四节 | 核能 |

一、基本情况

对一个化石燃料紧缺、油气资源尤为贫乏，但又亟需大量能源支持经济高速发展的发展中大国而言，核能既是化石燃料的有效替代品，也是本国科技领先、跻身全球主要大国之列的重要标志。有鉴于此，印度自 1947 年独立以来，一直从政治与经济两方面给予本国核能发展以高度重视。1954 年 8 月 3 日，印度政府组建了原子能部（Department of Atomic Energy）；1957 年，印度政府在孟买建立了原子能研究基地（Atomic Energy Establishment），负责核能研发与应用；1967 年，该基地更名为布哈巴原子能研究中心（Bhabha Atomic Research Center，当前直接隶属于原子能部）。20 世纪 60 年代，印度尝试在塔拉普尔修建了两个小型沸水反应堆，1969 年投入商业用途。在综合考虑印度国内放射性原料储存情况以及技术水平并参考加拿大重水铀反应堆（CANDU）的基础上，印度原子能研究基地 1964 年制订了修建印度第一座加压重水反应堆（PHWR）的计划；加拿大原子能有限公司与印度核电公司（NPCIL）合资在 1972 年建造了第一个原型机——拉贾斯坦 1 号机组，并在 1973 年首次投入商业使用。

目前，印度已建成核反应堆 21 座，分别是塔拉普尔 1、2、3、4 号反应堆（马哈拉施特拉邦），卡伊格 1、2、3、4 号反应堆（卡纳塔克邦），卡克卡帕拉 1、2 号反应堆（古吉拉特邦），马德拉斯 1、2 号反应堆（泰米尔纳杜邦），纳罗拉 1、2 号反应堆（北方邦），拉贾斯坦 1、2、3、4、5、6 号反应堆（拉贾斯坦邦），库丹库拉姆 1 号反应堆（泰米尔纳杜邦）。除塔拉普尔 1、2 号反应堆为沸水反应堆，库丹库拉姆 1 号反应堆为水动力反应堆（WER）外，其余 18 座皆为加压重水反应堆。

印度中央电力管理局（Central Electricity Authority）2016 年 9

月 30 日统计,[①] 印度全国核电站总装机容量已达 5780 兆瓦，占全国总装机容量的 1.89%。又据印度电力部统计，2013—2014 财年，印度核能发电总量 34228 千兆瓦时（GWH），占当年全国发电总量的 3.35%；2014—2015 财年核能发电总量 36102 千兆瓦时，占全国的 3.27%。[②]

印度政府对本国核能发展有着很高的期望，计划到 2020 年将全国核电站总装机容量提升到 14600 兆瓦，到 2050 年实现核能发电占全国发电总量 25% 的目标。[③] 为实现该目标，印度政府加快了核反应堆建设进度，目前在建核反应堆达到 6 座，分别是库丹库拉姆 2 号反应堆，卡培坎高速增殖反应堆原型机（PF-BR），卡克卡帕拉 3、4 号反应堆以及拉贾斯坦 7、8 号反应堆。

1962 年《原子能法》规定印度的核设施必须由政府和国有公司所有与运营，私人资本仅能进行有限的投资。当前，印度核电公司在印度核能领域占主导地位。该公司建于 1987 年 9 月 17 日，法定股本 1500 亿卢比，缴定股本 1017.4 亿卢比，[④] 系印度原子能部直属国有企业，主要负责核电站的设计、修建、运营。

二、民用核合作

讨论印度核能，就不得不涉及印度与其他国家的民用核合作问题。如前文所述，印度在建国之初便开始了民用核能的研究与

① "All India Installed Capacity of Power Stations（as on 30.09.2016），" Central Electricity Authority, India.

② "Growth of Electricity Sector in India from 1947—2015，" Government of India, Central Electricity Authorities.

③ "Nuclear Power in India，" World Nuclear Association, August 8, 2015, http://www.world-nuclear.org/info/Country-Profiles/Countries-G-N/India/.

④ 截至 2014 年 3 月 31 日。

开发，与加拿大等国建立了稳定的民用核合作。但出于国家整体战略考虑，印度并未签署 1970 年《不扩散核武器条约》，且于 1974 年在博克兰进行核试爆，引起国际社会强烈不满，加拿大、美国等旋即停止与印度的核合作，国际社会也对印度开始了长达 34 年的核禁运。印度被迫依靠自身力量进行技术研发与应用。由于国内缺乏铀储量，印度不得不研发使用钍为原料的反应堆。打破禁运，获取国际先进技术和优质燃料，加速核能发展，这是印度历届政府多年不懈努力的目标。

2005 年，印度与美国签署了《民用核能合作协定》，为解禁拉开了序幕。随后，英国、法国、加拿大相继与印度展开民用核合作谈判，在此基础上逐渐放开了对印度的技术出口。2006 年底，美国国会通过了该协定。2007 年 7 月，印美《民用核能合作协定》正式生效，印度获准在国际原子能机构监督下，通过美国在国际市场上获取用于民用核设施的燃料、装备与技术。由于印度仍未签署《不扩散核武器条约》，未扫清制度障碍，印度与国际原子能机构签订了《保障监督协定》（Safeguards Agreement）及附加协议。2008 年 9 月，核供应集团将印度从其贸易禁止清单中移除；随后印度又分别与美国、俄罗斯、法国签署双边核贸易协定，美国国会在当年 10 月通过了该贸易协定。2009 年，印度与国际原子能机构签署《保障监督协定》与附加协议。2014 年 6 月，莫迪政府批准了《保障监督协定》，同意在 2014 年底将印度境内 22 座核设施列入国际原子能机构的保障监督下，并确定附加协议在 2014 年 7 月 25 日生效，允许国际原子能机构随时进入表列设施。

2014 年 5 月上任的莫迪总理对印度的核电发展投入了巨大期望，执政以来对各主要国家进行了密集的外事访问，核电项目几乎是每次出访必谈的重要内容。经总理高访推动，印日民用核合作谈判按照印美模式取得重大进展，印澳签署《和平使用核能的备忘录》，俄罗斯承诺在未来 20 年内为印度建造 12 座核电站，加拿大也同意在未来 5 年向印度提供 3000 吨浓缩铀。

值得注意的是，尽管当前核能发电量尚不足印度全国总发电量的 2%，但印度政府及社会各界均对核能寄予厚望，将其视为印度能源发展的未来，力图大幅提升其在印度整体能源战略中的地位。不过从纯经济角度分析，在可预见的未来，在印度解决电力生产、传输、分配等领域的痼疾之前，核能可发挥的作用仍然是有限的。必须看到，印度高调发展核能有着浓重的政治及安全色彩。

第五节 ┃ 新能源①

一、基本情况

如前文所述，印度长期面临着油气资源紧缩的困境，能源对外依存度过高的风险一直存在。20 世纪 70 年代两次国际石油危机让印度损失惨重，也迫使印度政府将开发新能源列入重要日程。印度 1981 年 3 月成立附加能源委员会（Commission for Additional Sources of Energy），1982 年升格为非传统能源局（Department of Non-Conventional Energy Resources），1992 年再次升格为非传统能源部（Ministry of Non-Conventional Energy Resources），2006 年更名为新能源与可再生能源部（Ministry of New and Renewable Energy）。印度将大力发展新能源确定为最终实现能源自

---

① 本节数据除特别标注外，皆援引印度新能源与可再生能源部网站统计数据。

给自足的重要措施之一，2007 年将其正式写入《国家能源安全报告》，印度经济五年计划中也列出专章讨论新能源。

通常而言，新能源和可再生能源主要包括水能、风能、太阳能和生物质能，最终体现形式为发电。印度政府确定的新能源与可再生能源主要是两种——风能和太阳能。将此列为发展重点是综合考虑印度自然条件与技术水平之后的结果。截至 2016 年 9 月 30 日，印度基于新能源与可再生能源的发电站总装机容量达 44236.92 兆瓦，其中风能发电总装机容量为 27151.40 兆瓦，太阳能发电为 7805.34 兆瓦。[①] 在"十五"计划结束时（2006—2007 财年），印度全年新能源与可再生能源发电总量为 9860 千兆瓦小时；"十一五"计划结束时（2011—2012 财年）的全年发电总量已达 51226 千兆瓦小时，增加约 4.2 倍；2012—2013 财年增长到 57449 千兆瓦小时，2013—2014 财年继续增长到 59615 千兆瓦小时，2014—2015 财年又增长到 61780 千兆瓦小时。也就是说，在"十二五"期间，新能源与可再生能源发电量保持了年均 6.4% 的较好增长率。需要补充的是，印度政府计划"十二五"期间在新能源与再生能源领域投入 330 亿卢比，以期稳定并提升增长速度。下文将具体就风能、太阳能做详细介绍。

二、风能

印度拥有 7517 公里长的海岸线，海上风力资源甚为丰富；南亚次大陆独特的地理位置使得印度陆上风能资源同样充沛。优越的自然条件赋予印度发展风能的巨大潜力。根据印度新能源与可再生能源部下属国家风能研究所（National Institute of Wind En-

---

① "All India Installed Capacity of Power Stations（as on 30.09.2016），" Central Electricity Authority, India.

ergy）统计，印度全国 80 米高度风能潜在装机总容量达到 102788 兆瓦，50 米高度风能潜在装机总容量达到 49130 兆瓦，与之形成对照的是，当前印度风能发电总装机容量仅 27151.40 兆瓦。即便如此，根据国际风能委员会统计，印度现有风能发电总装机容量仍占据了全球总装机容量的 6.1%，仅次于中国、美国、德国和西班牙，位列全球第五。

印度风能资源丰富的地区主要集中在东部海岸、西部海岸和西北内陆地区。截至 2015 年 7 月 31 日，印度在全国 31 个邦与地区已累计建立风能资源监测站（Wind Energy Stations）805 座，顺利运作的有 108 座。风能资源丰富邦的情况如表 5—3 所示。

表 5—3　印度风能资源丰富邦蕴藏情况（截至 2015 年 3 月 31 日）

排位	邦名	总装机容量（兆瓦）	全国占比（%）
1	泰米尔纳杜邦	7455.2	31.8
2	马哈拉施特拉邦	4450.8	18.98
3	古吉拉特邦	3645.4	15.55
4	拉贾斯坦邦	3307.2	14.1
5	卡纳塔克邦	2638.4	11.25
6	安得拉邦	1031.4	4.4
7	中央邦	879.7	3.75
8	喀拉拉邦	35.1	0.15

尽管印度政府对本国风能事业发展寄予很高期望，计划在 2016—2017 财年末将全国风电总装机容量提升至 27300 兆瓦，在加大"十二五"计划资金投入的同时，成功地吸引私人资本进入风能行业，但印度风能发展面临着两大难题，未来有可能成为

制约印度风能发展的瓶颈：其一，风能发电技术要求高且成本巨大，目前印度风能发电每兆瓦成本超过5700万卢比，高额成本严重影响了行业盈利能力，打击了资本进入的积极性；其二，征地成本日益高涨，征地程序复杂费时，必将大大降低新风能发电站及相应配套设施的建设速度。

三、太阳能

印度幅员辽阔，从气候分区来看，主要分热带季风气候区、热带雨林气候区、亚热带季风性温润气候区、沙漠气候区、高山气候区，其大部分领土属于热带季风气候区，全年高温降水主要集中在雨季。在上述气候条件影响下，印度大部分地区一年光照时间可达250—300天，年辐射量1600—2200千瓦时每平方米，全国全年太阳能总储量约60亿千兆瓦小时。目前，印度全国共有太阳能发电站748座，分布在20个邦与直辖区。[①] 其中拉贾斯坦邦建有178座，总装机容量1047.1兆瓦，占全国第一位；古吉拉特邦拥有88座，总装机容量1000.05兆瓦，位列第二。[②]

印度历任政府均对发展太阳能情有独钟。2010年1月11日，前任总理曼莫汉·辛格正式启动"尼赫鲁国家太阳能计划"（The Jawaharlal Nehru National Solar Mission），并将此作为国大党领导的联合进步联盟联合政府的一项主要政绩。该任务计划到2022年将印度全国太阳能发电能力提升至20千兆瓦，同时实质性减少太阳能发电的成本，使之成为印度普通民众都能接受的经

---

① http://mnre.gov.in/file-manager/UserFiles/state-wise-commissioned-grid-connected-solar-power-projects.htm.

② http://mnre.gov.in/file-manager/UserFiles/State-wise-Installed-Capacity-of-Solar-PV-Projects-under-various-Scheme.pdf.

济能源。完成该任务须经过三个阶段：第一阶段为"十一五"到2013年，第二阶段为2013—2017年，第三阶段为2017—2022年。2014年5月当选总理的纳伦德拉·莫迪对太阳能有特别偏好，对发展太阳能有超过常人的信心。莫迪执政不久便宣布要继续推进"尼赫鲁国家太阳能计划"，但最终目标扩大了5倍，即到2022年的太阳能发电能力要达到100千兆瓦，其中屋顶太阳能发电能力应达到40千兆瓦，大中型太阳能发电站发电能力应达60千兆瓦。莫迪总理希望以此将印度一举改造为世界领先的太阳能发电大国，在未来实现太阳能发电量与火力发电量2：1的比例。完成这个宏大的计划总共需投入6万亿卢比。从印度当前经济实力及政府决策能力来看，能否实现目标存在巨大变数。

为加速实现太阳能发展目标，印度新能源与可再生能源部同时启动了太阳能园区（Solar Park）建设计划。每个园区的预计发电能力须在500兆瓦以上，印度政府将给予园区建设特别的财政支持与土地征用便利。目前有10个邦已建成或正着手开展太阳能园区建设。①

---

① 这10个邦是：中央邦、安得拉邦、拉贾斯坦邦、北方邦、古吉拉特邦、特伦加纳邦、卡纳塔克邦、梅加拉亚邦、旁遮普邦和"查谟和克什米尔"。各邦分别建有一个太阳能园区。其中"查谟和克什米尔"为印巴争议地区。

第六章

印度能源安全观：风险与对策

总的来说，印度政府对本国能源状况及主要问题有着非常清醒的认识，历届政府不仅将能源视作经济发展的关键保障，更将能源安全上升至国家安全的高度，要求各部委必须在政治、外交、防务、财政等各方面予以最优先考虑。但颇为矛盾的是，多年来，印度政府仅在计划委员会 2006 年 8 月发布的《综合能源政策：专家委员会报告》（Integrated Energy Policy：Report of the Expert Committee）中系统阐述了其能源安全观，此外再无全面的权威性文件或报告问世。因此，本章将综合利用来自各领域的研究资料对印度的能源安全观及相应政策选择进行粗略分析，希望有助于全面认识印度的能源安全战略。

第一节 ┃ 印度对能源安全的定义 ┃

能源安全通常被定义为保障对一国经济社会发展以及国防至关重要的能源的可靠而合理的供应。联合国开发计划署的定义是：能够以合理的价格持续获得足够数量的各类能源。印度是能源稀缺国，针对其特殊的社会结构及社会经济发展状况，印度对能源安全做出如下定义：能够向所有的居民，不论其是否具有支付能力，提供其生活必需的能源；同时满足所有居民在任何时间以有竞争力的价格获取安全、方便能源的有效需求；能在相当程度上处理合理预期的能源供应中断、价格震荡等问题。①

　　印度的能源安全观主要强调了以下要点。第一，能源是所有居民的生活必需品。不论政府提供与否，居民总会尽其可能寻找到其所需的能源，此过程可能造成巨大的能源浪费和环境破坏，因此政府必须对无力按市场价购买必需能源的居民提供补贴，整体考虑全国能源需求。第二，能源之间的替代是困难的，且替代过程也将伴随着成本增加和能源消耗，因此必须确保可用能源种类的多样性足以满足各种不同的需求。第三，能源应当可以随时获取。能源供给突然中断对印度经济的稳定发展影响很大，因此政府必须对能源供应中断、价格震荡等问题有合理的预期，并能迅速处理上述问题。

第二节　威胁印度能源安全的主要风险

　　对威胁能源安全的主要因素有多种界定方法。总的来说，威胁一国能源安全的因素包括内部因素与外部因素，也可以表述为国内因素与国外因素。印度政府在综合考虑各种因素的前提下将威胁本国能源安全的主要因素界定为三种风险：供给风险、市场风险、技术风险。

一、供给风险

供给风险可以模糊地定义为能源生产、运输过程存在的种种

---

　　① "Integrated Energy Policy，Report of Expert Committee"，印度计划委员会 2006年 8 月发布，第 54 页。

问题导致的能源供应减少或中断。如上文所述，印度是个能源紧缺的国家，能源进口在其能源供应中扮演着不可或缺的关键角色，境外能源来源或国际能源运输通道出现问题是印度能源供给的主要风险之一。印度政府在处理供给风险时极为重视能源进口问题，将此作为制定相关能源安全政策的主要考虑因素，后文将继续进行讨论。

除境外因素外，各种境内因素，如国内能源生产机构（主要是煤矿、油井、各类发电站等）因技术故障、工人罢工等减产，以及国内能源运输网运力下降或短期瘫痪等都是构成供给风险的重要因素。

二、市场风险

除供给风险外，能源价格剧烈波动，尤其是突然上涨所导致的市场风险是对印度能源安全的另一重要威胁。印度石油资源极为贫乏，而石油在国民经济运转中始终发挥着核心作用，印度在审视市场风险时自然而然地主要关注石油进口价格的波动。一方面，一旦进口石油价格上涨，印度市场的石油相关产品价格就会随之提高，进而刺激国内通货膨胀率升高，损害国民福祉；另一方面，油价上涨将迫使印度农业减少机械的使用量，导致粮食减产，失业率上升，影响社会稳定。印度计划委员会在"十一五"发展计划中明确指出，石油价格对整体经济发展的影响是巨大的，如果国际石油价格在目前基础上迅速增长，印度 GDP 增长率将比预期减少 0.5% —1%。[①] 诚然，政府可通过补贴来应对短期的进口石油价格上涨，但这会给政府带来非常沉重的财政负

---

① 印度计划委员会"十一五"计划报告，第 15 页，http：//www. planningcommission. gov. in/plans/planrel/app11＿16jan. pdf。

担，从长远来看，最终还是要按国际市场价格运作。自 2014 年下半年以来，国际原油价格开始持续大幅下降，可以说是放松了套在印度头上的能源紧箍咒。但从长远来看，油价上涨是必然发展趋势，而印度仍未找到这一难题的有效破解之道。

三、技术风险

即使能源储备丰富，但技术上的原因，如发电机故障、油气管道故障、生产技术事故等，也会造成能源生产受损或运输受阻，引起能源供应中断，这就可界定为技术风险。当前，传统能源领域正通过技术革新来保持其原有活力，新能源与可再生能源则更依赖技术上的支持。技术对能源的影响越来越大，技术风险对能源安全的威胁亦越来越重要。因此，印度政府将技术风险从供给风险中独立出来，专门加以分析与应对。

第三节 基于能源安全观的能源安全政策选择

要制定符合本国国情的有效能源安全政策，关键在于弄清本国整体能源供应减少或中断的实质是什么；同时，能源安全政策的制定与执行都存在相应成本，因此政府在选择能源安全政策时必须一方面争取预期效果最大化，另一方面尽力使预期成本最小化。印度政府的现行能源安全政策完全基于上文所提及的三种风险的管理，可简单划分为两大类：减少风险类与处理风险类。

一、减少风险类

印度认为，维护能源安全的最有效方法就是在能源安全受到威胁之前消除或减少所存在的风险。为此，印度制定了若干具体措施。

第一，保障能源进口来源多样化。印度政府除增加原油进口来源国外，还积极鼓励国有或私有油气企业积极推行"走出去"战略，并与24个国家的油气产地企业建立合作关系或直接购买油气开发权，有效推动海外油气生产。印度周边国家，如俄罗斯、伊朗、孟加拉国、缅甸、土库曼斯坦天然气储量丰富，印度一直积极与上述国家谋求国际合作，修建跨国管道来进口天然气。不丹、尼泊尔两国水力资源丰富，印度与上述两国均签订了长期合作协议，在两国境内建立水电站向印度输电，这也成为印度能源安全政策的重要组成部分。通过输气管道进口天然气的风险性较高，除技术要求高、维护成本高之外，管道所在地区的安全局势、所在国家与印度的双边关系也会极大地影响管道运输的有效性和稳定性。有鉴于此，印度正在积极谋求以液化气进口替代天然气进口，在与印度关系紧密的俄罗斯、独联体国家内建立天然气液化工厂，就地液化天然气。

第二，使用国内能源替代进口能源。印度国内煤炭资源储量较为丰富，印度地质调查局2014年4月1日公布的数据估计其全国煤炭总储量约3015.6亿吨。因此，印度政府正积极引导能源部门提升煤炭发电规模与效率；同时在核电、太阳能、风能开发领域加大投入，希望尽快将其发展到商用阶段；印度政府也大力发展乙醇等生物燃料，研发推广氢燃料汽车和电动力汽车，减少对进口石油燃料的需求。值得注意的是，上述做法虽难以在短时间内增加全国能源总供给，却可有效降低能源对外依存度，有重要的政策影响。

第三，增加能源总供给。一是深入开发印度境内现有能源：使用更科学的油气田勘探、设计技术，提高印度境内现有油气的探明储量，继续在已废弃的油气田内寻找、开采油气资源；允许私人企业在获得国家颁发执照的前提下在境内寻找新的油气资源；在开采煤炭的同时，使用先进技术来搜集煤层甲烷并投入商业用途。二是开辟海外新能源来源：以海外并购来投资境外能源产业，在其他国家（尤其是非洲国家）购买油气资源，所开采的油气或出口至印度，或直接供应给当地的印资能源密集型产业用于生产活动；海外并购存在主权风险，为规避该风险，印度政府要求并购资金的 2/3 需从国际资本市场募集，以减少印度本国所承担的风险。三是大力发展核能、新能源与可再生能源，通过本土研发与国际合作来提升技术水平，降低开发成本，加速进入商业应用阶段。

第四，提高能源开采、存储、运输、分配以及使用的效率。一是提升电力行业发电效率，合理缩小装机容量与实际发电量之间的巨大差距；研发或从国际市场购买新的输电技术，减少输电损耗；鼓励市场在电力分配中发挥主导作用，提升分配效率。二是大力发展铁路货运，减少对公路货运的依赖以减少汽油消费量。具体做法包括：结束铁路集装箱运输垄断经营的现状；降低客运补贴以提高货运的比例；提高货运的时效性；在大城市间设置定期货运列车等。三是推广使用节能装置、节能汽车、节能建筑，减少对能源的需求。四是大力发展高架铁路、地铁、轻轨、单轨和公交汽车等城市公共交通，同时提高城市车辆费用，限制私家车的使用，以实现节约石油燃料的目的。需要指出的是，上述政策的有效推行皆需遵循商业运作规则，以市场杠杆进行调节，仅靠行政机构的推动将难以取得成功。

二、处理风险类

在损害发生前消除风险是维护能源安全的根本途径，但事实上，风险是不可能完全避免的，政府必须拥有并稳步提高在风险发生后予以有效应对或曰"危机处理"的能力。印度在这方面主要采取了以下具体做法。

第一，通过完善战略能源储备，提高禁受危机冲击的能力。在能源进口来源尽可能多样化、有效利用国内能源替代进口能源的前提下，政府还可利用战略能源储备来应对短期的能源供应中断。以石油为例，在石油进口短期中断的情况下，印度会采取的主要应对方式是动用现有战略石油储备并扩大国内油井产量。目前世界上绝大多数国家都建立了90天的石油战略储备，但付出的成本也是高昂的。印度政府认为，发达国家的现有战略石油储备已成为国际公共产品，一旦发生全球石油危机，这些储备可以自动调节国际原油市场供给并处理危机。因此，发展中国家没有必要保持太大规模的存储。从成本考虑，印度仅需为短期供给中断提供最少量即30天的石油战略储备。此外，为进一步提高战略储备的有效性，印度正积极与有关国家和国际组织（如国际能源署）协商建立联合储备机制，通过参与地区储备和国际储备来有效应对危机。

第二，充分利用金融手段，提高应对市场风险的能力。市场风险的核心要素是价格。为了防止价格震荡冲击本国能源安全，印度政府一方面每年将外汇收入的一部分相对固定地用于支付能源进口费用，同时预留部分外汇用于应对能源价格突然上涨等情况；另一方面在国际能源市场利用期货期权合同来避免能源价格的未来波动的不利影响。印政府还积极鼓励本国企业利用国际资本进行海外能源资产并购，希望在能源价格发生突然波动时，能借助印资控股海外能源企业来减少价格波动对印度能源供给的冲击。

第三，增加备用冗余量，应对技术风险。印度认为，降低技术风险的最有效做法是设置备用冗余量，即能源生产与运输机构设置一定的备用生产、运输能力。以电力部门为例，发电站的装机容量应大于其日常发电量，电网在日常输送量之外也应拥有额外输送能力。为此，印度政府要求境内所有能源生产、存储、运输机构在建造前必须设计一定的备用冗余量。

印度和中国是全世界最大的两个发展中国家，被视为未来世界经济增长的两大动力。两国经济增长模式既有明显差异，又有相同之处，在能源领域所面临的问题大多相近，这也是有人认为中印未来会在能源领域展开激烈竞争的主因。2015 年，印度观察家研究基金会在其参与撰写的《印度能源安全远景 2020：从缺乏到富足》中明确提出：印度当前及未来面临的主要能源问题可以归纳为六点：一是实现国内初级燃料（Primary Fuel）的增产；二是确保以相对稳定的价格进口必要初级燃料；三是加大在能源产业各部门的投资；四是加大对新能源技术的投资；五是减少能源使用过程中的碳排放并降低污染；六是实现初级燃料篮子多样化并确保能源安全。印度学术界对本国能源安全的新思考对我们亦有重要参考价值。

参考文献

一、英文资料

（一）著作

［1］ Abdul Sattar, Pakistan's Foreign Policy 1947—2012: A Concise History, Oxford University Press, 2014.

［2］ IDSA Task Force, Water Security for India: The External Dynamics, New Delhi: Institute of Defense and Analysis, September, 2010.

［3］ Lydia Powell and Sonali Mittra eds, Perspectives on Water: Constructing Alternative Narratives, New Delhi: Academic Foundation, 2012.

［4］ Uttam Kumar Sinha, Riverine Neighbourhood: Hydro-politics in South Asia, New Delhi: Pentagon Press, 2016.

［5］ V. Ratna Reddy, Water Security and Management: Ecological Imperatives and Policy Options, New Delhi: Academic Foundation, 2009.

［6］ Yoginder K. Alagh, Ganesh Pangare and Biksham Gujja eds, Interlinking of Rivers in India: Overview and Ken-Betwa Link, New Delhi: Academic Foundation, 2006.

（二）期刊论文

[1] Anand Kumar, "Impact of West Bengal Politics on India-Bangladesh Relations," Strategic Analysis, No. 3, 2013.

[2] Hari Bansh Jha, "Nepal-India Cooperation in River Water Management," Strategic Analysis, No. 2, 2013.

[3] Inderjeet Singh, "Ecological Implications of the Green Revolution," Seminar, No. 626, October, 2011.

[4] Mihir Shah and Himanshu Kulkarni, "Urban Water Systems in India: Typologies and Hypotheses," Economic & Political Weekly, July 25, 2015.

[5] Mirza Sadaqat Huda, "Can Robust Bilateral Cooperation on Common Rivers between Bangladesh and India Enhance Multilateral Cooperation on Water Security in South Asia?" Strategic Analysis, No. 3, 2013.

[6] N. Shantha Mohan and Salien Routary, "Resolving Inter-state Water Sharing Disputes," Seminar, No. 626, October, 2011.

[7] P. K. Gautam, "Sino-Indian Water Issues," Strategic Analysis, No. 6, 2008.

[8] P. Stobdan, "China Should not Use Water as a Threat Multiplier," IDSA Comment, October 23, 2009.

[9] Rumi Aijaz, "Water Crisis in Delhi," Seminar, No. 626, October, 2011.

[10] Rumi Aijaz, "Water for Indian Cities: Government Practices and Policy Concerns," ORF Issue Brief, #25, September, 2010.

[11] Shawahiq Siddiqui, "Securing Water Commons in Sched-

uled Areas," Seminar, No. 626, October, 2011.

[12] Tushaar Shah, "India's Master Plan for Groundwater Recharge: An Assessment and Some Suggestions for Revision," Economic & Political Weekly, December 20, 2008.

[13] Uttam Kumar Sinha, "50 Years of the Indus Water Treaty: An Evaluation," Strategic Analysis, No. 4, 2010.

[14] Uttam Kumar Sinha, "Examining China's Hydro-Behaviour: Peaceful or Assertive?" Strategic Analysis, No. 1, 2012.

[15] Uttam Kumar Sinha, "India and Pakistan: Introspecting the Indus Treaty," Strategic Analysis, No. 5, 2008.

[16] Uttam Kumar Sinha, "The Why and What of Water Security," Strategic Analysis, No. 1, 2009.

[17] Uttam Kumar Sinha, "Water a Pre-eminent Political Issue between India and Pakistan," Strategic Analysis, No. 3, 2010.

[18] Uttam Kumar Sinha, "Water Issues in the Near East and South Asia Region: Risks and Solutions," Strategic Analysis, No. 5, 2014.

[19] Uttam Kumar Sinha, Arvind Gupta and Ashok Behuria, "Will the Indus Water Treaty Survive?" Strategic Analysis, No. 5, 2012.

[20] Wilson John, "Water Security in South Asia: Issues and Policy Recommendations," ORF Issue Brief, #26, February, 2011.

（三）报纸、网络媒体

[1] "Alcohol in India at a New High," The Hindu, May 3, 2008.

[2] "Army, Paramilitary Repair Haryana's Munak Canal, Bring

Relief To Delhi," NDTV website, February 22, 2016.

[3] "Aslam Beg on India's Water Hegemony," The Dawn, March 5, 2012.

[4] "Bangladesh Expresses Concern about India's River-linking Plan," Xinhua News online, July 25, 2015.

[5] "Cauvery Water Dispute LIVE: Section 144 Imposed in Bengaluru after Violent Protests; Govt Appeals for Calm," The Indian Express, September 12, 2016.

[6] "Cauvery Water Dispute: Partial Relief for Karnataka as SC Modifies Earlier Order," The Indian Express, September 12, 2016.

[7] "Cauvery Water Dispute: Top 10 Developments," The Hindu, September 12, 2016.

[8] "Centre 'Conspired' with Punjab on Legislation: Chautala," Outlook, July 19, 2004.

[9] "Concerns Over India Rivers Orders," Kathmandu Post, April 1, 2012.

[10] "Congress Warns NDA Against 'Robbing' Punjab Water," NDTV website, April 3, 2015.

[11] "CRPF Saves Delhi's Water Supply: 2, 000-strong Platoon Rushed in to Secure Munak Canal Damaged by Jat Protesters," Daily Mail online, February 22, 2016.

[12] "Farmers Go Berserk, MLA's House Attacked," The Hindu, October 30, 2002.

[13] "GDP: At 7. 6%, India's Growth Points to Fastest Growing Large Economy," Indian Express, June 1, 2016.

[14] "Haryana, Punjab Clash over Water Again," The Trib-

une, April 26, 2015.

[15] "How to Misunderstand Each Other," The Indian Express, July 26, 2014.

[16] "India Caste Unrest: Ten Million without Water in Delhi," BBC News, February 22, 2016.

[17] "India Grain Output Expected to Rise," Wall Street Journal, April 21, 2011.

[18] "India Set to Start Interlinking Rivers," New Age, June 22, 2016.

[19] "India-China Riparian Relations: Towards Rationality," IDSA website, January 16, 2015.

[20] "Indian-controlled Kashmir Govt Counts Loss from Indus Water Treaty," People's Daily online, May 12, 2011.

[21] "India's Mullaperiyar Dam 'Safe after Earthquake'," BBC News, January 4, 2012.

[22] "Industrial Waste from India Polluting Water," The Dawn, November 27, 2013.

[23] "Inter-linking of Rivers to be Completed in a Decade: Uma Bharati," Zeenews, October 17, 2014.

[24] "Jat Stir Damage to Munak Canal Highlights Delhi's Water Vulnerability," Hindustan Times, February 23, 2016.

[25] "Kishanganga Award an Achievement, Says Pakistan," The Hindu, March 16, 2013.

[26] "Linking of Ken, Betwa Rivers to Begin by Year-end," The Tribune, July 13, 2015.

[27] "Munak Canal Dispute to Be Resolved Soon: Centre,"

The Hindu, July 20, 2014.

[28] "Mutual Trust Must for Treaties Like on Indus Water to Work, Says India," Hindustan Times, September 23, 2016.

[29] "Pakistan Hits back, Warns India over Stopping Water," The News, September 27, 2016.

[30] "PM Did Grave Injustice to People of Assam: Gogoi," Business Standard, May 19, 2015.

[31] "PM Modi Reviews Indus Water Treaty, Says ' Blood and Water Can't Flow together' ," Times of India, September 26, 2016.

[32] "Punjab Losing River Water could Cause Law and Order Problem: Capt Vibhor Mohan," Times of India, April 3, 2015.

[33] "Ryots on the Rampage in Mandya," The Hindu, October 31, 2002.

[34] "Supply Water to Delhi through Munak Canal: HC to Haryana," The Hindu, November 28, 2014.

[35] "Tamil Nadu Opposition Seeks PM Modi's Intervention in Mekedatu Reservoir Issue," Economic Times, April 27, 2015.

[36] "Water Dispute and War Risk," The Dawn, January 18 2010.

[37] "Water Management in Agriculture Crucial: Mukherjee," Business Standard, October 28, 2013.

[38] "Water Politics May Leave Delhi Thirsty," Business Standard, 27, February 2006.

[39] "Water Shortage Shuts Coca-Cola Plant in India," CNBC website, June 20, 2014.

[40] "We Trust China on Dam: Manmohan Singh," Times of

India, August 5, 2011.

[41] "Will Counter Claim on State's Water: Minister," The Tribune, April 4, 2015.

[42] A. J. Vinayak and Richa Mishra, "Refinery Shut down Costs MRPL Rs 20 cr/day; Diesel Supplies may be Hit," The Hindu Business Line, April 25, 2012.

[43] Abdullah Nurullah, "Staring at Water Crisis, Chennai Administration Wants You to Cut down Use by 20%," Times of India, July 23, 2015.

[44] Ajay Bharadwaj, "Punjab and Haryana Spar over River Water Royalty," Daily News & Analysis, June 23, 2010.

[45] Amir Wasim, "India not Involved in 'Water Terrorism,' Asif Tells Senate," The Dawn, October 21, 2014.

[46] Amir Wasim and Hassan Belal Zaidi, "Violation of Indus Waters Treaty will be an 'Act of War'," The Dawn, September 28, 2016.

[47] Anwar Iqbal, "Indus Waters Treaty Model of Peaceful Cooperation, Says US," The Dawn, October 3, 2016.

[48] Ashraf Padanna, "Tamil Nadu-Kerala Dam Row Intensifies in India," BBC News, November 30, 2011.

[49] Asif Ali Zardari, "Partnership with Pakistan," Washington Post, January 28, 2009.

[50] B. Chandrashekhar, "Telangana Makes its Stand Clear on Interlinking of Rivers," The Hindu, January 10, 2015.

[51] Chander Suta Dogra, "A Sly Shot on SYL," Outlook, July 26, 2004.

［52］ Chetan Chauhan, "Yamuna a Dead River, Says Report, Even as Focus on Clean Ganga," Hindustan Times, April 18, 2015.

［53］ Dipak Kumar Dash, "Haryana Blames Delhi for Polluting Yamuna Water," The Times of India, February 7, 2011.

［54］ Gargi Parsai, "Water Ministry Seeks World Bank Funding for Reforms," The Hindu, January 14, 2005.

［55］ Khalid Hasnain, "Water Row with India may be Taken to ICJ - Pakistan," The Dawn, August 26, 2014.

［56］ Mahadevan Ramaswamy, "Water as Weapon: Risks in Cutting off Indus Waters to Pakistan," Hindustan Times, September 29, 2016.

［57］ Mauica Joshi and Ritam Halder, "Canal that Quenches Delhi's Thirst," Hindustan Times, June 18, 2015.

［58］ Neha Shukla, "Grappling with Scarcity as Water Table Sinks," Times of India, July 23, 2015.

［59］ Prasenjit Chowdhury, "Mismanagement of Water Resources," Deccan Herald, April 18, 2014.

［60］ Priyanka Kakodkar, "In Maharashtra, Suicide Figures Shoot through the Roof," Times of India, June 11, 2015.

［61］ R Radhakrishnan, "Waters of Discord: The Cauvery Dispute," IPCS website, October 31, 2002.

［62］ Ramalingam Valayapathy, "Thousands of Farmers Protest Karnataka Dam Plan," Deccan Chronicle, November 23, 2014.

［63］ Ramaswamy R. Iyer, "Water in India-Nepal Relations," The Hindu, September 17, 2008.

［64］ Sam Daniel, "DMK Wants Central Rule in Karnataka over

Cauvery Water Dispute," NDTV website, October 10, 2012.

[65] Sikander Ahmed Shah and Uzair J. Kayani, "Treaty in Trouble," The Dawn, October 3, 2016.

[66] Sushmi Dey, "80% of India's Surface Water may be Polluted, Report by International Body Says," Times of India, June 28, 2015.

[67] Sutirtho Patranbis, "China Govt Blocks Brahmaputra Tributary, Water Flow may be Hit," Hindustan Times, October 2, 2016.

[68] T. Ramakrishnan, "Tamil Nadu to Take up Two River Linking Projects," The Hindu, March 21, 2008.

[69] Zafar Bhutta and Shahram Haq, "Kishanganga Project: Victory Claims Cloud Final Arbitration Award," The Tribune, December 22, 2013.

（四）报告

[1] Alan Richards and Nirvikar Singh, Inter State Water Disputes in India: Institutions and Policies (October 2001). UCSC Department of Economics Working Paper No. 503.

[2] All India Installed Capacity of Power Stations (as on 30.09.2016), Central Electricity Authority, Government of India.

[3] Annual Report 2015—2016, Ministry of Coal, Government of India, April 21, 2016.

[4] Annual Report 2014—2015, Ministry of Coal, Government of India, April 28, 2015.

[5] Annual Report 2015—2016, Ministry of Petroleum & Natural Gas, Government of India.

[6] Annual Report 2014—2015, Ministry of Petroleum & Natural Gas, Government of India.

[7] Annual Report 2015—2016, Department of Atomic Energy, Government of India.

[8] Annual Report 2014—2015, Department of Atomic Energy, Government of India.

[9] Ashok Sreenivas and Krutuja Bhosale, Largesse that wasn't: The Story of Coal Shortages in India, Prayas (Energy Group), March, 2014.

[10] Deep Wells and Prudence: Towards Pragmatic Action for Addressing Groundwater Overexploitation in India, World Bank, 2010.

[11] Drinking Water, Sanitation, Hygiene and Housing Condition in India, NSS Report No. 556, July 2014.

[12] Energy Outlook 2016 Edition: Outlook to 2035, British Petroleum, April 19, 2016.

[13] Energy Statistics 2015, Ministry of Statistics and Programme Implementation, Government of India, March 26, 2016.

[14] Executive Summary Power Sector, Central Electricity Authority, Ministry of Power, Government of India, December, 2014.

[15] Geological Survey of India Report, Geological Survey of India, Kolkata, April 1, 2014.

[16] Growth of Electricity Sector in India From 1947—2015, Ministry of Power, Government of India, April 1, 2015.

[17] Guidelines for Improving Water Use Efficiency in Irrigation, Domestic & Industrial Sectors, Central Water Commission, November, 2014.

[18] India's Water Economy: Bracing for a Turbulent Future, Washington, DC: World Bank, 2005.

[19] Integrated Energy Policy: Report of the Expert Committee, Planning Commission, Government of India, 2006.

[20] Irrigation in Southern and Eastern Asia in Figures-India, Aquastat Survey, 2011.

[21] National Water Policy 2012, Ministry of Water Resources, 2012.

[22] Master Plan for Artificial Recharge to Ground Water in India, Ministry of Water Resources, Government of India 2002.

[23] M. R. Anand and D. N. Prasad, Recent Trends in Production and Import of Coal in India, Ministry of Coal Occasional Working Paper Series No. 1 /13 October 2013.

[24] Nuclear Power in India, World Nuclear Association, August 8, 2015.

[25] Report of the Working Group on Integrated Strategy for Bulk Transport of Energy and Related Commodities in India, National Transport Development Policy Committee, India, 2013.

[26] Seema Singh, "Pumping Punjab Dry," Institute of Electrical and Electronics Engineers website, May 28, 2010.

[27] Sheoli Pargal and Sudeshna Ghosh Banerjee, More Power to India: The Challenge of Electricity Distribution, World Bank, June 1, 2014.

[28] Strategic Plan for New and Renewable Energy Sector for the Period 2011—17, Ministry of New and Renewable Energy, Government of India, February, 2011.

［29］Transmission Line Status and Transformation Capacity, Ministry of Power, Government of India, December 31, 2014.

［30］Water and Related Statistics 2010, Central Water Commission, Ministry of Water Resources, Government of India, December 2010.

［31］Water and Related Statistics 2015, Central Water Commission, Ministry of Water Resources, Government of India, April 2015.

［32］Water in India: Situation and Prospects, UNICEF, FAO and SaciWATER, 2013.

［33］Water Stewardship for Industries: The Need for a Paradigm Shift in India, World Wildlife Fund, 2013.

［34］Water Wars: The Brahmaputra River and Sino-Indian Relations, Newport, RI: US Naval War College, Center on Irregular Warfare and Armed Groups, 2013.

［35］World Energy Outlook 2015, International Energy Agency, November 10, 2015.

［36］World Energy Outlook 2014, International Energy Agency, November 12, 2014.

［37］World Energy Outlook 2013, International Energy Agency, November 12, 2013.

［38］XI Five Year Plan, Planning Commission, Government of India, 2007.

二、中文资料

（一）著作

［1］段爱旺、黄修桥：《中国粮食安全与农业高效用水研

究》，黄河水利出版社 2009 年版。

　　[2] 国际大坝委员会编，贾金生等译：《国际共享河流开发利用的原则与实践》，水利水电出版社 2009 年版。

　　[3] 郝璐、王静爱：《气候变化下的水资源：脆弱性与适应性》，中国环境出版社 2011 年版。

　　[4] 何艳梅：《中国跨界水资源利用和保护法律问题研究》，复旦大学出版社 2013 年版。

　　[5] 李志斐：《水与中国周边关系》，时事出版社 2005 年版。

　　[6] 李志斐：《国际河流河口——地缘政治与中国权益思考》，海洋出版社 2014 年版。

　　[7] 联合国教科文组织编，水利部发展研究中心译：《不确定性和风险条件下的水管理（联合国世界水发展报告）》（全三卷），水利水电出版社 2013 年版。

　　[8] 芈岚：《尼泊尔、印度水资源政治关系研究》，中国财政经济出版社 2014 年版。

　　[9] 水利部国际经济技术合作交流中心：《北美跨界河流管理与合作》，水利水电出版社 2015 年版。

　　[10] 王浩：《中国水资源问题与可持续发展战略研究》，中国电力出版社 2010 年版。

　　[11] 王志坚：《国际河流法研究》，法律出版社 2012 年版。

　　[12] 王志坚：《水霸权、安全秩序与制度构建》，社会科学文献出版社 2015 年版。

　　[13] 伍新木：《中国水安全发展报告 2013》，人民出版社 2013 年版。

　　[14] 徐承红：《中国区域经济发展与水资源问题研究》，西

南财经大学出版社 2013 年版。

［15］许拯民：《水资源利用与可持续发展》，水利水电出版社 2012 年版。

［16］闫大鹏：《非传统水资源利用技术及应用》，黄河水利出版社 2013 年版。

［17］张正斌：《应对气候变化与水资源高效利用以及粮食安全和绿色农业协同发展》，科学出版社 2014 年版。

［18］中国大百科全书总编辑委员会《世界地理》编辑委员会：《中国大百科全书·世界地理》，中国大百科全书出版社 1992 年版。

［19］中国工程院：《水安全与水利水电可持续发展》，高等教育出版社 2014 年版。

［20］中国农业百科全书编辑部：《中国农业百科全书·水利卷》（下），农业出版社 1986 年版。

［21］周德民：《环境与水安全》，中国环境出版社 2012 年版。

（二）期刊论文

［1］A. K. 米斯拉、朱庆云："城市化对印度恒河流域水文水资源的影响"，《水利水电快报》2011 年第 8 期。

［2］J. L. 韦斯柯特、钱卓洲、刘忆瑛："巴基斯坦印度河流域水资源管理半个世纪的回顾"，《水利水电快报》2001 年第 2 期。

［3］K. 纳鲁拉、高建菊、赵秋云："印度将面临的水安全挑战"，《水利水电快报》2013 年第 5 期。

［4］N. A. 扎瓦赫里："印度和巴基斯坦在印度河水系上的

合作"，《水利水电快报》2011 年第 5 期。

［5］P. K. 贝苏、L. S. 乔希、刘东："如何改进印度水资源开发项目的规划、控制和管理"，《水利水电快报》2001 年第12 期。

［6］S. C. 莱伊、童国庆、朱晓红："印度德里的水资源管理现状"，《水利水电快报》2012 年第 6 期。

［7］Sad Ahamed 等："印度 Ganga-Meghna-Brahmaputra 平原及周围地区与孟加拉国地下水砷污染及其对健康影响的 19 年研究"，《中国地方病学杂志》2007 年第 1 期。

［8］陈小峰、黄贤锦："印度水资源缺乏原因及应对策略探究"，《科技展望》2016 年第 18 期。

［9］段跃芳："印度水资源开发过程中的非自愿移民问题"，《南亚研究季刊》2006 年第 4 期。

［10］冯广志、谷丽雅："印度和其他国家用水户参与灌溉管理的经验及其启示"，《中国农村水利水电》2000 年第 4 期。

［11］高峰："食品安全的第一道门槛——饮水"，《城镇供水》2013 年第 1 期。

［12］胡卫东："印度水资源开发的成就"，《水利水电快报》1999 年第 13 期。

［13］胡文俊、杨建基、黄河清："印度河流域水资源开发利用国际合作与纠纷处理的经验及启示"，《资源科学》2010 年第 10 期。

［14］蓝建学："水资源安全和中印关系"，《南亚研究》2008 年 2 期，第 27 页。

［15］李敏："尼泊尔—印度水资源争端的缘起及合作前景"，《南亚研究》2011 年第 4 期。

［16］李香云："从印度水政策看中印边界线中的水问题"，《水利发展研究》2010 年第 3 期。

［17］李香云："印度的国家水政策和内河联网计划"，《水利发展研究》2009 年第 4 期。

［18］潘大庆、Y. Prasa、S. K. Mittal、G. Kumar："第三届世界水论坛国家报告——印度"，《小水电》2004 年第 2 期。

［19］宋晨翔、邵嘉慧："浅谈印度水资源的现状"，《化工管理》2016 年第 5 期。

［20］孙现朴："印孟跨界水资源争端及合作前景"，《国际论坛》2013 年第 5 期。

［21］郜肇悦、毛丽萍："印度大坝和水资源"，《水利水电快报》2015 年第 7 期。

［22］王家柱："印度水资源开发利用现状和特点"，《人民长江》1991 年第 8 期。

［23］王建平："基于《印度河用水条约》的巴格里哈尔水电站纠纷仲裁分析"，《中国水利》2009 年第 8 期。

［24］吴恒安："印度的北水南调"，《治淮》1984 年第 2 期。

［25］杨翠柏、陈宇："印度水资源法律制度探析"，《南亚研究季刊》2013 年第 2 期。

［26］叶正佳："印孟恒河河水分享条约与高达政府的南亚政策"，《南亚研究》1997 年第 1 期。

［27］尹世聪："印度水资源开发利用管理简况"，《国际科技交流》1987 年第 8 期。

［28］张金翠："印度布拉马·切拉尼教授'水战争'思想述评——以《水：亚洲的新战场》一书为例"，《学术探索》

2016 年第 1 期。

［29］赵新宇："印度恒河治理难"，《招商周刊》2005 年第13 期。

［30］钟华平、郦建强、王建生："印度河与印巴用水问题研究"，《世界农业》2011 年第 2 期。

［31］钟华平、王建生、杜朝阳："印度水资源及其开发利用情况分析"，《南水北调与水利科技》2011 年第 1 期。

［32］钟玉秀、刘洪先、李培蕾、曹永强："印度解决邦际水事纠纷的相关法律、做法和启示"，《水利发展研究》2005 年第 11 期。

［33］周瑶玺："印度 Kanpur 地区水源性戊型病毒肝炎大流行"，《国外医学》（微生物学分册）1993 年第 4 期。

（三）新闻报道

［1］"技术上不可行 汪恕诚再次否决大西线调水方案"，《新京报》2007 年 3 月 14 日。

［2］"水利部：中国目前没有雅鲁藏布江引水工程计划"，新华网，2011 年 10 月 13 日。

［3］"汪恕诚：大西线工程不需要、不可行、不科学"，《南方周末》2011 年 6 月 30 日。

［4］"中国没有计划从雅鲁藏布江调水"，《羊城晚报》2009 年 5 月 26 日。

［5］方舟："印度加强水资源管理"，《中国水利报》2015 年 4 月 23 日。

［6］胡学萃："雅鲁藏布江之争"，《中国能源报》2012 年 6 月 27 日。

〔7〕李浩："印媒：印度水资源将受到中国限制"，《国防时报》2010 年 8 月 2 日。

〔8〕李红梅："印度德里：收集屋顶雨水缓解水危机"，《中国水利报》2015 年 7 月 23 日。

〔9〕李红梅："印度与巴基斯坦的水矛盾"，《中国水利报》2014 年 1 月 16 日。

〔10〕李红梅："印度与巴基斯坦的水之争"，《中国水利报》2012 年 1 月 19 日。

〔11〕李梅、武志红："印度'北水南调'工程惹争议"，《中国商报》2003 年 3 月 18 日。

〔12〕李香云："印度水管理的启示"，《人民长江报》2009 年 6 月 6 日。

〔13〕刘晓燕："印度：地下水超采引发用水危机"，《黄河报》2009 年 4 月 23 日。

〔14〕潘小珠："孟加拉国抗议印度截留水资源"，《新华每日电讯》2003 年 8 月 18 日。

〔15〕童国庆："印度德里的水资源管理"，《中国水利报》2012 年 1 月 5 日。

〔16〕童国庆："印度逐渐陷入水资源困局"，《中国水利报》2013 年 7 月 18 日。

〔17〕王晓苏："不顾孟加拉反对 印度执意修水坝"，《中国能源报》2009 年 8 月 24 日。

〔18〕吴永年："水资源短缺掣肘印度经济发展"，《文汇报》2011 年 12 月 3 日。

〔19〕岩雪松："印度能源生产破坏水资源"，《中国水利报》2014 年 8 月 7 日。

［20］张静宇："印度担心水危机"，《人民日报》2003 年 6 月 7 日。

（四）统计公报、政府文件

［1］《2014 年国民经济和社会发展统计公报》，中国国家统计局网站，2015 年 2 月 26 日。

［2］《2015 年国民经济和社会发展统计公报》，中国国家统计局网站，2016 年 2 月 29 日。

［3］《国务院关于实行最严格水资源管理制度的意见》，中国政府网，2012 年 2 月 16 日。

［4］《国务院办公厅关于加快发展海水淡化产业的意见》，中国政府网，2012 年 2 月 13 日。

［5］《中华人民共和国水法》，中国水利部网站，2002 年 10 月 1 日。

［6］历年《中国水资源公报》，中国水利部网站。

（五）中英文网站

［1］中国政府网：http：//www. gov. cn。

［2］中国国务院新闻办公室：http：//www. scio. gov. cn。

［3］中国外交部：http：//www. fmprc. gov. cn。

［4］中国水利部：http：//www. mwr. gov. cn。

［5］中国国务院南水北调工程建设委员会办公室：http：//www. nsbd. gov. cn/zx/gcgh。

［6］新华网：http：//www. xinhuanet. com。

［7］印度水利部：http：//wrmin. nic. in。

［8］印度供水与卫生部：http：//mdws. gov. in。

［9］印度中央水务委员会：http：//cwc. gov. in/。

［10］印度中央地下水理事会：http：//cgwb. gov. in/。

［11］印度中央污染控制理事会：http：//www. cpcb. nic. in。

［12］印度煤炭部：http：//www. coal. nic. in。

［13］印度石油与天然气部：http：//www. petroleum. nic. in。

［14］印度电力部：http：//www. powermin. nic. in。

［15］印度中央电力管理局：http：//www. cea. nic. in。

［16］印度原子能部：http：//www. dae. nic. in。

［17］印度新能源与可再生能源部：http：//www. mnre. gov. in。

［18］印度政府新闻局：http：//pib. nic. in。

［19］印度工商联合会：http：//www. ficci. in。

［20］印度国防分析研究所：http：//idsa. in。

［21］和平与冲突研究所：http：//www. ipcs. org。

［22］观察家研究基金会：http：//www. orfonline. org。

［23］辨喜国际基金会：http：//www. vifindia. org。

［24］联合国粮农组织：http：//www. fao. org。

［25］联合国粮农组织全球水与农业信息系统：http：//www. fao. org/nr/water/aquastat。

［26］世界银行：http：//web. worldbank. org。

［27］国际能源署：http：//www. iea. org。

［28］英国石油公司：http：//www. bp. com。

后 记

本书定稿之时，距离我们当初构思这一书稿，已经过去了两年左右。本书缘起于两名作者在印访学的经历。2010年，本书作者之一刘嘉伟应邀赴印度最大的私立研究机构——观察家研究基金会（ORF）访学半年，研究主题为"印度能源问题"。2013年底到2014年5月，本书另一作者曾祥裕应邀赴印度独立后较早建立的中国问题专业研究机构——中国研究所（ICS）访学半年，研究题目为"中印水安全问题研究"。对印度这一邻国不长不短的亲身经历对我们触动颇深，遂有不吐不快之感，进而萌生了对印度水安全与能源安全问题一探究竟的想法。教育部人文社会科学重点研究基地四川大学南亚研究所对这一研究予以大力支持，本书遂得以面世。全书由两名作者分工合作完成，由曾祥裕撰写水安全章节，刘嘉伟撰写能源安全章节。还要说明的是，本书原来设想由两位笔者和四川大学南亚研究所李建军老师三人共同完成，由于工作过于繁忙，李建军老师不得不中途退出，是为一大憾事。

历史学的年鉴学派曾提出长时段、中时段和短时段的三种历史时段设想，认为地形、气候等地理因素在长时段内的变化极为缓慢，长时段看似难以捕捉，实则至关重要。在年鉴学派看来，世事变迁、人事沉浮等短时段历史虽纷纭复杂，却也是过眼云烟。社会变革、阶级兴替、科技发展、农作物交流等中时段因素影响巨大，但也属于长时段框架之内的局部演化。归根到底，人类历史的大方向主要取决于长时段这一最重要却又最隐秘的命运之手。布罗代尔曾巧妙地表示：历史的波浪挟着隆隆涛声和闪烁的浪花……沉默而无边无际的历史内部的背后，才是进步的本质。而短时段历史，那种就"当前历史时刻"所写的一切不过是海面。如果此说不谬，那么包括水与能源在内的资源安全无疑就是决定国家兴衰沉浮乃至人类长远走向的根本性决定力量了。

本书选取水与能源作为问题的切入点，选取印度作为国家的切入点，希望由此逐步展开对可持续发展与非传统安全问题的全面研究。在研究之中，我们越来越明确地感受到，可持续发展与非传统安全的结合领域，实为学术研究的"富矿"，甚至萌生了进一步研究粮食安全、环境安全、公共卫生安全、信息安全等诸多问题的初步想法。当然，这些都有待将来和更多的研究伙伴共同努力，逐步实现。

作者要衷心感谢工作单位提供了优越而宽松的研究条件，慨然资助本书出版。各位前辈、学界师长、单位领导与同事对本书研究工作多有提点，令人铭感于心。更难以忘怀的是，诸多亲友在这两年之中为我们提供了无尽的帮助与默默支持。此处一一罗列姓名已无必要，我们只想对这最好的读者、最耐心的听众、最无私的朋友，道一声微不足道却诚意满满的感谢。

本书初稿错漏之处颇为不少，感谢责编张晓林女士和时事出版社编辑部主任谢琳女士精心编校，令书稿质量得以大幅提高，也给了我们进一步更定充实书稿的机会。

要向读者汇报的是，本书的后续作品即关于印度粮食安全和环境安全的研究已在计划之中，希望能幸运地早日完成这一设想。衷心希望本书及后续作品能得到学界朋友和广大读者的认可与支持，更希望得到读者的批评指正。

曾祥裕　刘嘉伟

2016 年 12 月　成都

图书在版编目（CIP）数据

可持续发展与非传统安全：印度水安全与能源安全研究/曾祥裕，
刘嘉伟著．—北京：时事出版社，2017.1
ISBN 978-7-5195-0073-3

Ⅰ.①可…　Ⅱ.①曾…②刘…　Ⅲ.①水资源管理—安全管理—
研究—印度②能源—国家安全—研究—印度　Ⅳ.①TV213.4②TK01

中国版本图书馆 CIP 数据核字（2016）第 297717 号

出 版 发 行：时事出版社
地　　　址：北京市海淀区万寿寺甲 2 号
邮　　　编：100081
发 行 热 线：（010）88547590　88547591
读者服务部：（010）88547595
传　　　真：（010）88547592
电 子 邮 箱：shishichubanshe@ sina. com
网　　　址：www. shishishe. com
印　　　刷：北京市昌平百善印刷厂

开本：787×1092　1/16　印张：13.5　字数：190 千字
2017 年 1 月第 1 版　2017 年 1 月第 1 次印刷
定价：68.00 元
（如有印装质量问题，请与本社发行部联系调换）